EXPLICATION MÉCANIQUE

DE

LA MATIÈRE, DE L'ÉLECTRICITÉ

ET

DU MAGNÉTISME

PAR

M. DESPAUX

INGÉNIEUR DES ARTS ET MANUFACTURES
INSPECTEUR DIVISIONNAIRE DU TRAVAIL DANS L'INDUSTRIE

PARIS

FÉLIX ALCAN, ÉDITEUR

108, BOULEVARD SAINT-GERMAIN, 108

1903

EXPLICATION MÉCANIQUE

DE

LA MATIÈRE, DE L'ÉLECTRICITÉ

ET

DU MAGNÉTISME

EXPLICATION MÉCANIQUE

DE

LA MATIÈRE, DE L'ÉLECTRICITÉ

ET

DU MAGNÉTISME

PAR

M. DESPAUX

INGÉNIEUR DES ARTS ET MANUFACTURES
INSPECTEUR DIVISIONNAIRE DU TRAVAIL DANS L'INDUSTRIE

PARIS

FÉLIX ALCAN, ÉDITEUR

108, BOULEVARD SAINT-GERMAIN, 108

1905

EXPLICATION MÉCANIQUE
DE LA MATIÈRE, DE L'ÉLECTRICITÉ
ET DU MAGNÉTISME

INTRODUCTION

Jusqu'à ce jour la question de l'origine du magnétisme et de l'électricité est restée plongée dans les plus profondes ténèbres, et les esprits les plus scientifiques considèrent encore l'électricité comme une énergie complètement distincte des autres.

Selon toute vraisemblance, toutes les énergies doivent avoir pour origine un mouvement moléculaire; il n'y a pas d'énergies distinctes, il n'y pas de lumière, il n'y a pas de chaleur, il n'y a pas d'électricité considérées comme des entités propres, il n'y a que des mouvements de molécules qui, comme nous le verrons, peuvent se transformer les uns dans les autres.

Pour bien saisir donc les énergies, leurs relations et leurs équivalences, il est nécessaire de partir d'une constitution cinétique de la matière, aussi est-ce par cette étude que nous débuterons; nous verrons avec quelle aisance les mouvements d'une molécule peuvent être assimilés à ceux d'un corps céleste. Les révolutions ou vibrations de ces molécules ou atomes engendreront lumière et chaleur, les rotations engendreront toutes les autres énergies que nous désignerons sous le nom d'attractives, cohésion, affinité, capillarité, magnétisme, électricité, gravitation.

La constitution de la matière doit rendre compte de tout cela, et elle y parvient si l'on admet que la molécule a une forme non pas sphérique, mais propulsante, portion d'hélice, surface gauche, etc.; c'est la seule hypothèse que nous invoquerons.

Avec de petites hélices nous avons reproduit dans l'eau tous les champs magnétiques, tous les champs électro-magnétiques, les champs réciproques d'un aimant et d'un courant; de plus, à l'aide d'hélices que l'on rencontre dans le commerce sous forme de ventilateurs, nous avons mis en évidence les attractions, les répulsions et les orientations par influence, qui sont l'essence même du magnétisme et de l'électricité.

C'est donc avec expériences à l'appui que nous présentons notre exposé.

Des savants ingénieux, Bjœrkness, Weyler, de Green ont tenté de reproduire dynamiquement les mouvements d'attraction et de répulsion magnétiques et électriques; mais là s'est bornée leur ambition, tous les autres phénomènes, ou du moins la plupart, sont restés en dehors de leur préoccupation, notamment la reproduction des champs, l'explication des courants, etc... ; la forme de leur molécule était d'ailleurs compliquée; l'un d'eux même a abouti à des phénomènes inverses de ceux de la réalité : c'est ainsi qu'il trouvait des attractions là où devaient se rencontrer des répulsions, etc.

La question est donc encore vierge; cependant quelques conquêtes ont été réalisées : ainsi on a reconnu que la chaleur est due à un mouvement moléculaire et qu'elle peut être créée de toutes pièces à l'aide d'une autre énergie; on a reconnu par contre que l'électricité ne peut se créer et qu'elle se comporte comme quelque chose d'existant, de telle sorte que si, en un point, on produit une accumulation, on crée en un point voisin un déficit rigoureusement correspondant, de même qu'on ne peut ajouter d'eau à un vase qu'en en prenant dans un vase voisin.

On a donc attribué l'électricité à un fluide, et la plupart des auteurs estiment que ce fluide c'est l'éther, le même qui remplit l'espace et transmet les vibrations calorifiques et lumineuses; en tout cas rien dans notre hypothèse n'oblige à en imaginer un nouveau.

L'éther serait donc une troisième forme de fluide se comportant comme les deux autres, les liquides et les gaz; la seule différence est qu'il est incomparablement plus élastique et plus subtil.

Mais cet éther, qu'est-ce qui nous prouve son existence? d'abord l'impossibilité d'expliquer sans lui les phénomènes de la lumière et de la chaleur; mais nous avons pour garant de son existence le témoignage des savants les plus considérables.

Ainsi *lord Kelvin*, dans ses *Conférences scientifiques*, déclare, « *une chose dont nous sommes certains, c'est la réalité et la* « *matérialité de l'éther lumineux, c'est la seule substance à la-* « *quelle nous appliquions la dynamique en toute sécurité.* »

« Et *Lodge*, dans ses *Théories modernes de l'électricité*: « *L'existence de l'éther s'impose d'une manière aussi forte et* « *aussi directe que celle de l'air, l'un est accusé par l'œil, l'autre* « *par l'oreille.* »

Et plus loin, précisant davantage, Lodge ajoute : « *Il y a peu* « *de choses dans toute la physique qui paraissent plus certaines* « *que celle-ci, et c'est pour moi une conviction que ce qu'on a* « *longtemps appelé électricité est une forme, ou mieux une* « *manifestation de l'éther.* »

Allant encore plus loin que les deux savants ci-dessus, Lamé déclare enfin que *la science future reconnaîtra dans l'éther le véritable roi de la nature physique*, et qu'il doit suffire à expliquer la chaleur, l'électricité, le magnétisme, l'attraction universelle, la cohésion et l'affinité (*Leçons sur la théorie mathématique de l'élasticité des corps solides*, p. 344).

Mais c'est à tort que nous avons comparé la chaleur à l'électricité, la chaleur est une énergie et ne peut valablement être comparée qu'à l'énergie électrique; or celle-ci est bien due, comme la chaleur, à un mouvement moléculaire.

Un fluide en effet ne constitue pas une énergie, mais il peut être source d'énergie s'il est en tension ou en mouvement; de même l'électricité ou éther n'est pas une énergie, mais il peut, comme les fluides connus, être source d'énergie et par les mêmes moyens.

Enfin, dernière ressemblance avec les autres fluides, l'éther peut être le siège d'ondes allant transmettre à distance les énergies qui lui ont été communiquées; l'éther se conduit dans ce cas comme un simple agent de transmission.

Telles sont les ressemblances les plus apparentes de l'éther avec les fluides connus; une étude attentive des faits consacrera ces ressemblances d'une façon bien plus profonde, comme on pourra s'en convaincre, si l'on veut bien examiner sans parti pris l'exposé que nous nous proposons de faire.

La science se trouve aujourd'hui à la tête d'une multitude de faits précis, de résultats d'expériences innombrables; mais ces faits et ces résultats sont restés isolés, ce ne sont toujours que des matériaux épars dont on n'a pas réussi à former un édifice, « une accumulation de faits n'est pas plus une science qu'un tas « de pierre n'est une maison. », dit M. H. Poincaré dans *Science et Hypothèse*. Aussi est-il impossible de se reconnaître dans ce labyrinthe lorsqu'on étudie notamment l'électricité.

Dans ce labyrinthe, pas le moindre fil directeur; et, une hypothèse même reconnue fausse, mais qui permettrait de grouper les phénomènes naturels en une classification rationnelle, rendrait de signalés services.

La science française s'est désintéressée de la question des *Causes* et paraît en cela avoir subi les enseignements d'Auguste Comte; l'auteur de *la Philosophie positive*, qui fut en son temps persécuté pour la hardiesse de ses idées, paraît singulièrement timide aujourd'hui, quoi qu'il ne date que d'hier.

Comte s'élevait en effet énergiquement contre la recherche des Causes, qu'il déclarait non seulement inutile, mais nuisible. C'est ainsi que dans sa *Philosophie positive*, il déclare :

« Dans ma profonde conviction personnelle, je considère les « entreprises d'explication universelle de tous les phénomènes « par une loi unique comme éminemment chimériques, même « quand elles sont tentées par les intelligences les plus com- « pétentes. »

Et un peu plus haut :

« Rechercher la cause de la gravitation, nous regardons « cette question comme insoluble, et nous l'abandonnons aux « théologiens et aux métaphysiciens; aucun esprit juste ne « cherche aujourd'hui à aller plus loin que la recherche des « lois...

« Ce qu'il faudra comprendre, c'est que, ne pouvant nullement « connaître les agents primitifs ou le mode de production des

« phénomènes, la science doit étudier les seules lois effectives
« des phénomènes observés. »

Malgré cette défense du maître, son principal disciple, Ampère, chercha et découvrit presque le secret du magnétisme ; en outre, la science a pu découvrir ou, du moins, tient comme certaine la cause de la lumière ; elle a aussi pu créer une théorie cinétique des gaz qui n'est qu'un premier pas qui sera fécond dans la recherche des causes, et dans laquelle rentre d'ailleurs le mode de production de la lumière, qui n'est qu'un mode cinétique, puisque la lumière est due à un mouvement moléculaire.

La science française a donc abondé dans les idées d'Auguste Comte ; elle se contente de prendre les lois reconnues exactes ou jugées telles, et elle en déduit les conséquences par voie mathématique ; le ressort caché de ces lois lui reste indifférent.

L'un des savants français les plus considérables, M. H. Poincaré, a même avancé que la recherche de ce ressort était parfaitement inutile, parce que, si on trouvait une explication dynamique des phénomènes naturels, on en pourrait trouver immédiatement d'autres qui rempliraient le même but ; nous ne saisissons pas bien le pourquoi.

Dans un ouvrage relativement récent, *Science et Hypothèse*, déjà cité, le même auteur a davantage précisé son opinion : « Un « jour viendra peut-être, dit-il, où les physiciens se désinté-« resseront des questions de causes et les abandonneront aux « métaphysiciens. »

Et un peu plus haut :

« Peu nous importe que l'éther existe réellement, c'est « l'affaire des métaphysiciens, et un jour viendra sans doute où « il sera rejeté comme inutile. »

Mais pourquoi M. Poincaré renvoie-t-il l'étude de ces questions aux métaphysiciens ? Serait-ce pour décourager les recherches et les frapper par avance de discrédit ?

Physique, a dit Newton, *méfie-toi de la Métaphysique.* Ce n'est pas en effet à la métaphysique qu'il convient de s'adresser, mais à la philosophie qui classe, compare, coordonne et généralise, sans quitter le domaine de la science expérimentale ; les grands savants ont tous été de grands philosophes.

Quoi qu'il en soit, le discrédit où est tombée chez nous la recherche des causes existe bien réellement, et les personnes qui s'en occupent sont considérées comme des sortes de songe-creux.

Nous verrons plus loin, qu'à l'étranger il en est tout autrement, et en effet, dit M. Berthelot dans *Science et Philosophie*, « l'esprit humain est porté par une impérieuse nécessité à « affirmer le dernier mot des choses ou tout au moins à le « chercher. Les mathématiques — tout le monde est aujourd'hui « d'accord sur ce point — ne contiennent d'autre réalité que « celle que l'on y a mise sous forme d'axiome ou d'hypothèse. »

Et Tyndall, dans son ouvrage *sur la chaleur* : « *La dé-* « *monstration du fait ne suffit pas à l'esprit humain, il faut* « *en outre qu'il connaisse la cause intime et invisible de ce fait.* »

Considérons une horloge fort compliquée, les aiguilles s'avancent régulièrement ; à intervalles mesurés des personnages apparaissent, défilent, exécutent divers mouvements et disparaissent. Tous ces mouvements sont réguliers ; la loi en est simple, et le calcul peut en tirer des combinaisons nombreuses.

Mais ne se trouvera-t-il pas quelques curieux pour chercher derrière le cadran la cause de ces phénomènes ; de ces curieux, les uns, effrayés dès l'abord par la complication des mécanismes, reculeront, mais d'autres plus tenaces et plus avisés finiront par démêler l'usage de chaque rouage, et ils reconnaîtront finalement que la cause des mouvements en apparence si compliqués de l'horloge est un simple poids suspendu à une corde.

C'est la pesanteur qui est la cause unique de l'horloge, et, comme moyen, il n'a été fait appel qu'au levier ; mais la pesanteur peut produire d'autres effets ; elle fera, par le moyen d'un simple poids, tourner un tournebroche ; dans un chemin de fer funiculaire elle remontera des wagons ; par le moyen de l'eau elle fera mouvoir des roues hydrauliques ou des turbines, et par elles les machines les plus compliquées de l'industrie, de sorte qu'une même cause produira les effets en apparence les plus divers.

Qui nous dit que, derrière les phénomènes si complexes que

nous présente l'univers ne se cache pas une cause d'une extrême simplicité? C'est notre intime conviction.

Au contraire de ce qui se passe en France, tous les savants étrangers, même les mathématiciens les plus renommés, ont éprouvé la curiosité de rechercher le pourquoi des choses, autrement dit la cause des lois : parmi eux nous citerons Maxwell, lord Kelvin, Tyndall, Hertz, Bjœrkness, Lodge, Crookes, etc... dont la plupart vivent encore aujourd'hui.

La recherche des causes était également la préoccupation de la plupart des savants depuis la Renaissance ; Descartes, Newton, Leibnitz, Huyhens, Laplace, etc... Ces savants étaient de grands mathématiciens mais l'application des mathématiques aux lois empiriques ne leur suffisait pas, ils voulaient arriver à connaître la cause de ces lois, parce qu'ils étaient aussi de grands philosophes.

Il est bien vrai que jusqu'ici, sauf pour la lumière et la chaleur, sauf encore pour la théorie cinétique des gaz, aucune recherche n'a abouti ; c'est ainsi qu'en Électricité on ne sait même pas expliquer pourquoi se produit l'attraction des soi-disant deux électricités, ce qui est le phénomène fondamental de cette énergie.

Si on veut bien nous prêter quelque attention, on verra que cette propriété des corps magnétiques et électriques s'explique très simplement par les voies dynamiques; elle est due à une simple succion.

« Autrefois, dit du Moncel (*Origine de l'induction*), on péchait
« par une surabondance d'idées philosophiques qu'on émettait
« trop facilement sur les phénomènes généraux de la nature,
« aujourd'hui on pèche par l'excès contraire, et on attache
« trop d'importance à limiter les théories dans l'étroit sentier
« de l'expérience et de l'analyse ; il en résulte que, faute de
« guide, les faits s'accumulent sans être coordonnés. »

C'est en effet à l'esprit philosophique que la science doit désormais faire appel pour mettre un peu d'ordre dans le chaos des faits innombrables recueillis jusqu'à ce jour : la classification naturelle des phénomènes peut dès à présent être tentée; il suffit pour cela de comparer les faits, de les interpréter et de tirer parti surtout de simples remarques que d'ordinaire on néglige ou qui passent inaperçues.

Nous le répétons à nouveau : tous les phénomènes d'ordre attractif, c'est-à-dire la Physique presque toute entière, s'expliquent et peuvent être reproduits par la simple rotation d'une hélice ou d'une turbine dans l'eau et dans l'air ; or, par une rare bonne fortune, tout le monde peut comprendre les effets de cette rotation même sans en avoir été le témoin.

La turbine se présenterait donc comme le moteur universel qui engendre les énergies moléculaires attractives et les phénomènes qui les accompagnent ; l'industrie de son côté l'adapte de plus en plus à ses besoins, à raison de la continuité et de l'uniformité de son action.

C'est ainsi que la turbine s'est presque complètement substituée à la roue hydraulique ; dans la navigation, elle a remplacé la roue à palettes ; dans la pompe rotative, elle a remplacé le piston ; c'est à elle qu'on a recours dans la ventilation ; enfin la turbine à vapeur Laval fait de sérieux efforts pour remplacer la machine à vapeur à piston.

En terminant cette introduction, nous ferons remarquer à nouveau que nous n'avons eu recours, pour l'explication des phénomènes électriques et magnétiques, qu'à la forme propulsive de la molécule que les auteurs supposent habituellement sphérique sans invoquer pour cela aucun motif.

Dès lors, toutes nos tensions sont devenues dynamiques au lieu d'être statiques, comme le supposent tous les traités, lesquels assimilent la tension électrique à une différence de niveau, et cette considération d'une tension dynamique est fondamentale pour l'explication et la reproduction des phénomènes électriques et magnétiques.

En faisant tourner en effet dans l'eau une ou deux turbines représentatives de molécules, nous avons obtenu tous les fantômes magnétiques produits par les aimants.

En faisant tourner dans l'eau des tiges verticales, nous avons reproduit tous les champs qui se produisent autour des courants. Par quelle pente avons-nous été conduits à assimiler un conducteur parcouru par un courant à une tige tournant rapidement ? c'est ce que montrera notre étude des champs électro-magnétiques.

En nous servant de petits ventilateurs auto-mécaniques que

l'on rencontre dans le commerce, nous avons pu reproduire tous les phénomènes d'attraction, d'orientation et d'influence; nous avons reproduit notamment l'orientation de l'aiguille aimantée se mettant en croix avec un courant et celle d'un courant mobile par rapport à un courant fixe.

Ce qu'il y a de singulier dans ces orentations, c'est que la molécule agit par son flux dans l'aimant, c'est-à-dire dans le sens de la longueur et par son champ rotatoire dans les courants; cela paraîtra évident si l'on veut bien lire la cinquième partie consacrée aux champs électro-magnétiques autour des courants.

Il nous paraît difficile qu'un esprit non prévenu ne soit pas frappé de la ressemblance parfaite que présentent les phénomènes hydrauliques et pneumatiques provoqués par l'hélice, au regard des phénomènes magnétiques et électriques; il nous paraît plus difficile encore qu'il ne soit pas séduit par la simplicité de la cause qui produit tous ces effets.

Pour frapper davantage l'esprit du lecteur et enlever les dernières résistances, nous avons supposé construits un aimant artificiel et un courant artificiel par le moyen de turbines auto-mécaniques ; la construction de cet aimant et de ce courant est aisée à réaliser ; ils ont la forme extérieure des aimants et des courants électriques ; ils en possèdent toutes les propriétés et ils en reproduisent tous les phénomènes, *tous sans exception*.

Il suffit de lire les quelques pages consacrées à cette description pour être entièrement convaincu.

L'étude que nous allons présenter a été longuement réfléchie et, à ce titre, elle mérite, pensons-nous, qu'on veuille bien la lire sans idée préconçue, nous n'osons pas dire avec bienveillance.

THÉORIE CINÉTIQUE DE LA MATIÈRE
ET DE L'ÉNERGIE

PREMIÈRE PARTIE

THÉORIE CINÉTIQUE DE LA MATIÈRE ET DE L'ÉNERGIE

LIAISON DE LA MATIÈRE ET DE LA FORCE

La science n'a jusqu'ici réussi à rendre compte d'une façon satisfaisante par la théorie cinétique que des propriétés des gaz et en partie de celles des liquides. Cette théorie, fondée par D. Bernouilli, perfectionnée par Dalton et mise au point par Maxwell, Crookes et lord Kelvin, explique tous les phénomènes des gaz par les simples mouvements des molécules.

Chaque molécule gazeuse est supposée et a été reconnue douée d'énormes vitesses de translation qui ont pu être mesurées : ainsi la molécule d'hydrogène se meut à la vitesse de 1.844 mètres par seconde ; la molécule d'air en parcourt 485.

La pression sur les parois d'un vase, qui paraît être une manifestation purement statique des gaz, est en réalité une manifestation dynamique, puisqu'elle est due au choc des molécules contre les parois ; si on réduit le volume du gaz de moitié, les chocs seront deux fois plus nombreux, puisqu'il y a deux fois plus de molécules dans le même espace ; par suite, la pression sera double.

C'est par ces mêmes mouvements que s'explique l'osmose; les molécules, par leur vitesse, parviennent à traverser des membranes en apparence imperméables.

Cette théorie cinétique si simple et si séduisante, cette théorie qui s'applique si bien aux gaz ne pourrait-elle s'étendre à l'état solide? c'est notre conviction, bien que jusqu'ici on n'ait pas réussi à l'y adapter.

De nombreux auteurs ont exposé des théories de la matière : tels le P. Secchi, MM. Berthelot, Armand Gautier, etc...; mais ces théories sont incomplètes et ne vont guère au-delà de ce qu'avaient entrevu les philosophes atomistes de l'antiquité, Leucippe, Démocrite, Épicure, Lucrèce, qui, par un effort de génie qu'on ne saurait trop admirer, avaient deviné que, dans la matière solide où tout paraît en repos, les particules ultimes sont en état de perpétuel mouvement et ne se touchent pas.

Tentons à notre tour une théorie cinétique de la matière, qui, en même temps qu'elle s'appliquera à tous les états, sera aussi une théorie cinétique de l'énergie. Cette étude sera éclairée par tout ce que nous savons de la Chaleur, du Magnétisme et de l'Électricité, et elle expliquera à merveille tous les phénomènes magnétiques et électriques dont nous nous proposons de rechercher la cause.

La Matière paraît s'offrir à nous sous deux formes, à l'état de repos et à l'état de mouvement. Or en quoi diffèrent ces deux états, et quelle est la cause du mouvement? cette cause, une école de philosophes et de savants, parmi lesquels d'Alembert et Ampère, l'attribuait à des Forces, sortes d'entités métaphysiques résidant on ne sait où et qui, lorsqu'elles venaient à rencontrer de la matière, l'animaient de façons diverses.

Ces forces étaient la chaleur, l'électricité, le magnétisme, la force vitale, etc... Cette école a presque disparu aujourd'hui; ses avant-derniers représentants étaient Athanase Dupré, qui, dans sa *Théorie mécanique de la chaleur* de 1869, attribuait la gravitation et l'attraction moléculaire à la volonté toute-puissante du Créateur; Hirn, mort depuis peu, qui soutenait que la *force* existe au même titre que la *matière*.

Enfin, de nos jours, M. Duhem, un de nos plus grands physiciens, partage les mêmes idées et quelque peu aussi M. H. Poincaré, qui déclare oiseuse la recherche d'explications dynamiques aux phénomènes naturels.

Presque tous les autres savants sont, par contre, persuadés qu'une explication dynamique est possible et même probable, mais qu'il faut la rechercher dans la constitution de la matière.

L'abbé Moigno était persuadé que tous les phénomènes de la nature, la pesanteur, la cohésion, la chaleur, la lumière, l'électricité, le magnétisme, l'affinité chimique ont pour cause unique et dernière les mouvements incessants des atomes et des molécules.

Et Wurtz expose dans sa *Théorie atomique :* « Dans la ma-« tière, tout est mouvement, tout vibre dans la molécule, et ces « mouvements qui sont inséparables des atomes, sont aussi « l'origine de toute force physique et chimique. »

Voici, d'autre part, en quels termes lord Kelvin définit cette possibilité d'une cause dynamique, dans une de ses conférences scientifiques sur *la possibilité d'une théorie cinétique de la matière.*

« *On peut difficilement s'empêcher de pressentir la création* « *d'une théorie complète de la matière dans laquelle toutes ses* « *propriétés apparaîtraient comme de simples attributs du mou-* « *vement.* »

Laplace avait déjà indiqué, dans son *Exposition du système du monde*, que c'est dans les propriétés intimes de la matière que se trouvera le secret de la gravitation.

Nous pouvons donc affirmer que, pour la science d'aujour-d'hui, dans sa grande généralité, il n'y a pas de forces isolées, il n'y a que de la matière en mouvement.

D'ailleurs la matière au repos n'existe pas, et les corps qui, sur terre, nous paraissent tels, circulent avec elle autour du soleil à la vitesse de 30 kilomètres par seconde ; ils tournent avec elle et s'avancent enfin avec le système solaire tout entier vers un but inconnu. Les molécules intégrantes de la matière elle-même sont en perpétuel mouvement, comme il sera dé-montré plus loin.

Un corps n'acquiert d'énergie que lorsqu'elle lui est trans-mise par un corps et au détriment de cet autre corps. « Tout se fait mécaniquement dans la nature, dit Leibnitz, et

« un corps n'est jamais mû naturellement que par un autre
« qui le pousse en le touchant. » La conclusion est qu'on ne peut
séparer la matière de l'énergie ; bien plus c'est, comme nous
allons le voir, dans la matière que réside l'énergie.

MOUVEMENTS D'UNE MOLÉCULE OU D'UN ATOME
FORCES CENTRIFUGE ET CENTRIPÈTE

La chimie nous apprend que la matière est composée de
molécules ultimes ou atomes dont elle ne nous donne pas les
poids absolus, mais simplement les poids relatifs : ainsi on sait
pertinemment que l'atome de chlore pèse 35,5 fois plus que
celui d'hydrogène ; l'atome d'oxygène pèse 15 fois plus seulement ; en outre, les atomes et molécules ne se touchent pas,
puisqu'on peut comprimer les corps et qu'ils peuvent se dilater.
C'est bien là une preuve qu'il existe des vides inter-atomiques
et inter-moléculaires.

Les atomes ou molécules sont donc face à face dans un solide,
attirés par la cohésion, et maintenus à distance par une autre
énergie centrifuge qui lui est équivalente.

Ces atomes face à face sont dès lors dans la situation d'une
planète vis-à-vis de son soleil, le soleil attire la planète, et celle-
ci viendrait infailliblement tomber sur lui, si elle n'en était
empêchée par un mouvement préalable de translation qui
transforme sa chute en un mouvement circulaire.

Ainsi donc des deux mouvements antagonistes, attraction et
répulsion, le mouvement de répulsion ou centrifuge est comme
pour la planète, dû à un mouvement préalable de translation
de la molécule, et, en effet, nous avons vu, en examinant la
théorie cinétique des gaz, que ce mouvement de translation
existait et était même considérable.

La réflexion, d'ailleurs, suffit à faire comprendre qu'un
mouvement moléculaire antérieurement possédé ne peut être
détruit ; en effet, que pourrait-on objecter ? que la molécule

attirée par une autre molécule viendra tomber sur elle ; mais que deviendrait, dans ce cas, l'énergie possédée ? On dit communément que dans un choc l'énergie se transforme en chaleur, mais qu'est-ce que la chaleur, sinon précisément ce mouvement moléculaire de translation que nous supposerions détruit.

Une molécule attirée par une molécule décrira donc en face de cette autre un mouvement autour d'une position moyenne.

Voilà donc l'énergie centrifuge expliquée ; passons à l'énergie centripète ou attractive. C'est ici le point important de notre étude, celui qui à lui seul expliquera le magnétisme, l'électricité, etc.

Il y a une différence essentielle entre la molécule solide et la molécule gazeuse : la première étant fixée ne peut prendre de mouvement de translation autre qu'un mouvement vibratoire ; la seconde, au contraire, est libre dans l'éther, de là des différences fondamentales dans leurs manières d'être et leurs propriétés.

Nous avons supposé la molécule de forme propulsive, prenons tout de suite une petite hélice ou turbine.

Une turbine plongée dans l'eau, si elle est fixée, propulsera de l'eau par l'avant, et l'aspirera par derrière, le courant se

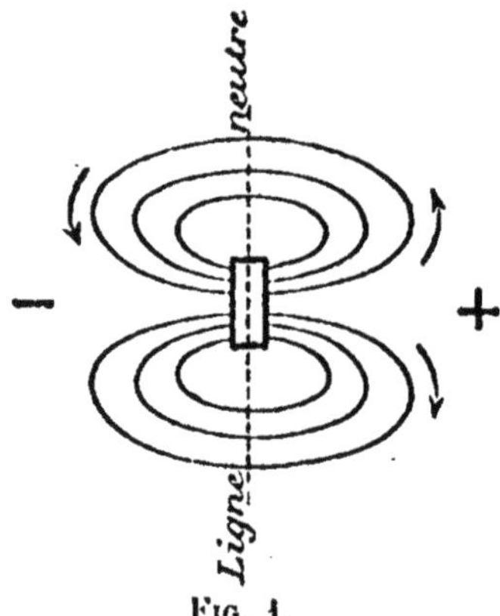

Fig. 1.

fermant sur lui-même ; cette turbine se comportera comme un petit aimant, et elle en reproduit le fantôme ; nous avons réalisé cette expérience dans l'eau.

Si la turbine est mobile ; au lieu de propulser, elle se pulsera elle-même dans l'eau, et il n'y aura pas le moindre flux : c'est le cas de la molécule gazeuse absolument libre au sein de l'éther.

Si nous considérons un bateau à hélice, il nous présentera ces divers cas suivant les diverses phases de son mouvement ; au moment du démarrage, si l'hélice tourne à plein, le bateau ne pouvant prendre immédiatement sa vitesse, l'hélice aspire et propulse, et on voit à l'arrière le flux ainsi produit :

En pleine marche, au contraire, l'hélice ne projette plus aucun flux ; toute sa vitesse est utilisée en progression ; entre ces deux états, l'hélice partage son effet, elle progresse pour partie et émet du flux pour le restant.

Dans un solide, les molécules sont fixes ; elles émettent donc du flux à leur maximum, et voici ce qui passe :

N'oublions pas que nos molécules sont des hélices ; or nous verrons, en étudiant le Magnétisme, et par des expériences effectuées au moyen de véritables hélices, que deux hélices en rotation placées à côté l'une de l'autre dans une position quelconque, et suspendues à des fils, s'orientent toujours dans le même sens, face aspirante contre face refoulante, pôle positif contre pôle négatif.

Dans un corps solide donc, où les molécules sont isolées en tous sens, libres de s'orienter par conséquent au gré des influences prépondérantes, elles viendront se placer, pôles de noms contraires en présence, dans la situation où deux aimants s'attirent. C'est là pour nous la cause de la cohésion.

Nous étudierons tout cela plus amplement en traitant des phénomènes d'influence réalisés au moyen de ventilateurs, et de l'électricité de contact ; mais cela suffit pour juger que la cohésion très énergique au quasi contact sera nulle, lorsque les atmosphères d'éther ne se pénétreront pas ; cela suffit aussi à montrer que la cohésion est différente de la gravitation, qui s'exerce à toutes distances.

Un simple jouet va, mieux que tous les raisonnements, mettre en évidence la nature de la force centrifuge qui règle le mouvement des planètes vis-à-vis de leur soleil et celui des molécules vis-à-vis les unes des autres.

En 1904, à l'occasion des expériences de M. Santos Dumont sur la direction des ballons, fut créé en forme de jouet un petit ballon dirigeable ainsi construit : un ballon lourd en forme de cigare était muni à l'avant d'une hélice mise en mouvement automatique par un ressort d'horlogerie placé à l'intérieur.

Ce petit ballon était suspendu à un point fixe par une ficelle ; au repos, il pendait verticalement au bout de sa ficelle ; mais, en mettant l'hélice en mouvement, le ballon se propulsait, et, au

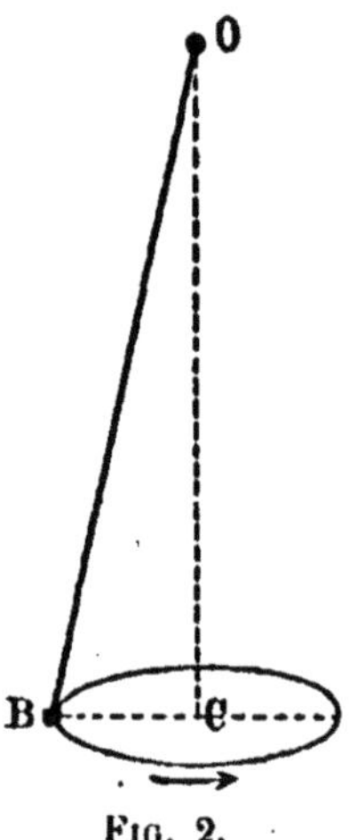

Fig. 2.

bout d'un instant, il se mettait à tourner circulairement autour d'un centre fictif C.

C'est la pesanteur qui tend à ramener le ballon B vers le centre ; c'est là la force centripète ; quant à la force centrifuge, elle est bien due, comme nous l'avons prétendu, au mouvement de translation.

Ce jouet nous représente absolument le mouvement d'une planète autour du soleil. Si la vitesse de translation était accélérée, le ballon s'éloignerait du centre en même temps que s'accroîtrait le nombre de révolutions par seconde ; de même, si la terre accélérait son mouvement, elle s'éloignerait du soleil de façon à rétablir la chute par seconde imposée par la loi de la gravitation. Si ce mouvement était ralenti, elle se rapprocherait du soleil et viendrait même s'absorber en lui, si le mouvement venait à s'éteindre complètement.

Cette liaison du diamètre de l'orbite avec la durée du temps de révolution fournit l'explication de la troisième loi de Képler; l'expérience du ballon n'est pas une simple image, mais la reproduction absolue des mouvements planétaires avec les mêmes causes; comme pour eux, c'est la gravitation qui est la force attractive, et comme pour eux, c'est la translation qui crée la force centrifuge, aussi n'est-ce pas la seule troisième loi de Képler qui est applicable à notre exemple, mais les trois lois de Képler.

Si le ballon eût été libre, il se serait propulsé en ligne droite dans l'espace à la façon d'une simple molécule; mais il s'est trouvé dès l'abord sous l'influence d'une force attractive, et sa translation a pris la forme de révolution, telle une comète qui parcourt l'espace; lorsqu'elle vient à passer dans la sphère d'attraction du soleil, elle se dirige vers lui à la façon d'un simple grave en accélérant sa vitesse et, si elle ne tombe pas sur le soleil, c'est que celui-ci s'est déjà déplacé, la comète vient donc décrire une orbite parabolique, puis s'éloigne à nouveau en vertu de sa vitesse acquise.

Toutes ces particularités éclairent d'un jour merveilleux la constitution planétaire. et la constitution moléculaire, nous appelons tout spécialement l'attention sur le point suivant, dont nous avons tiré grand parti plus loin dans la repartition de l'énergie moléculaire.

Si nous frappons par derrière le ballon B, nous lui communiquerons une énergie supplémentaire; cette énergie se répartit en les deux éléments de l'orbite; le ballon se met à circuler plus vite et en même temps il s'éloigne du centre; en un mot le diamètre de l'orbite est lié au nombre des révolutions par une relation fixe.

Voilà donc expliquées d'une façon dynamique les deux actions centrifuge et centripète des molécules. Cette théorie cinétique assimile leurs mouvements à ceux des corps célestes, et vraiment on ne voit pas pourquoi la constitution en serait différente. Seules les dimensions diffèrent, or les grandeurs ne sont relatives qu'à nous et ne sont rien au regard des effets et des causes.

Il doit y avoir cependant une différence entre la constitution d'un monde solaire et celle d'un monde moléculaire: dans un mondo solaire, il y a en regard d'un corps immense des corps de dimensions bien moindres, dès lors ceux-ci tournent autour du premier; une molécule au contraire est environnée d'autres molécules semblables, chacune d'elles attire la voisine et la repousse. C'est donc autour du centre de ces attractions communes, c'est-à-dire autour d'une position moyenne, que chaque molécule doit exécuter ses mouvements de révolution.

« Quelques physiciens, dit Tyndall, admettent que, dans la « Chaleur, les molécules, au lieu d'osciller autour d'une position

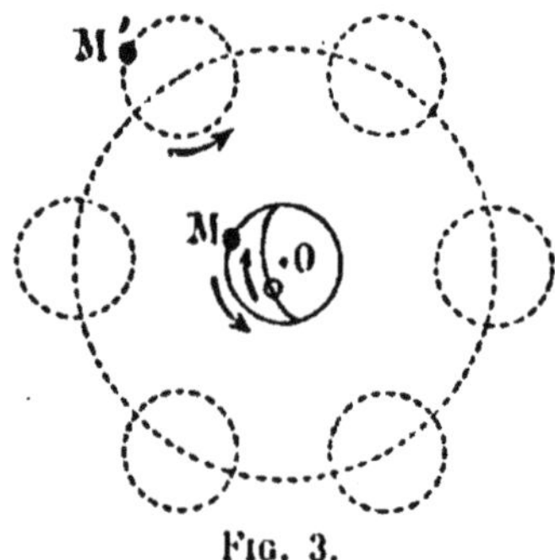

Fig. 3.

« moyenne, tournent les unes autour des autres » ; tel n'est pas l'avis de Tyndall qui, comme nous, admet la nécessité d'une oscillation autour d'une position moyenne.

Attirée et repoussée de tous côtés, la molécule pourra être envisagée comme se mouvant en tous sens à la surface d'une sphère, et ce mouvement vibratoire, exécuté dans toutes les directions, est bien en accord avec la théorie de la lumière, qui prétend que l'onde lumineuse change à chaque instant de sens, tout en restant normale au rayon.

CONSTITUTION DE L'ÉNERGIE MOLÉCULAIRE

Une molécule répartit donc son énergie en trois facteurs :
1° Le diamètre de son orbite ;

2° Le nombre de révolutions par seconde analogue des années planétaires ;

3° Le nombre des rotations par seconde analogue des jours planétaires.

Sans introduire d'énergies nouvelles, on peut concevoir

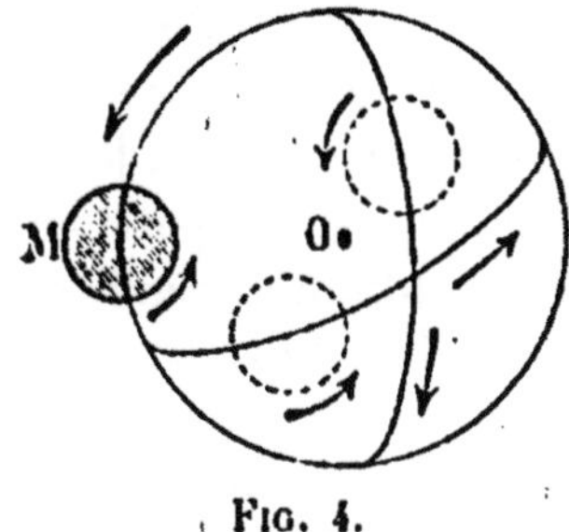

Fig. 4.

qu'un quelconque de ces éléments pourra se transformer en les autres sans que la somme totale d'énergie soit changée.

Si nous nous reportons à notre système solaire, chaque planète possède aussi une somme d'énergie répartie dans les trois éléments ci-dessus ; or, lorsqu'à l'aphélie la terre s'éloigne du soleil, c'est-à-dire lorsque le diamètre de l'orbite augmente, la vitesse de révolution diminue de façon à maintenir intacte la somme d'énergie qu'elle possédait, c'est l'explication de la loi des aires.

Mais un exemple familier nous fera mieux saisir ces transformations : Lançons une toupie en un mouvement circulaire, cette toupie possède une certaine somme d'énergie qu'elle répartit en diamètre de l'orbite, nombre de révolutions, nombre de rotations, or par un simple attouchement, c'est-à-dire sans l'introduction d'aucune énergie étrangère sensible, nous pouvons forcer la toupie à réduire son diamètre ; alors le nombre de révolutions augmentera ; nous pourrons même la contraindre à tourner sur elle-même en un seul point ; alors toute l'énergie sera confinée dans le seul mouvement de rotation, et dans ce cas le mouvement durera en effet plus longtemps : on dit que la toupie dort.

Nous ne retenons pas ici le mouvement de précession de la toupie, qui fait balancer son axe : cette précession est cependant une ressemblance de plus avec les mouvements des corps célestes, et il est vraisemblable que la molécule n'en est pas affranchie.

Quelle est la fonction réelle de chacun des trois éléments principaux des mouvements d'une molécule, au point de vue de l'énergie.

Les vibrations ou mouvements de révolution sont représentatifs de la chaleur et de la lumière, le diamètre représente la dilatation. Or on sait que, dans les corps, sous les trois états solide, liquide et gazeux, la dilatation est proportionnelle à la température, et c'est même par la dilatation seule que l'on évalue les températures ; presque tous les thermomètres sont fondés sur la dilatation.

On peut donc dès à présent formuler ce principe, que **dans tout corps laissé libre, le nombre des révolutions ou vibrations des molécules est proportionnel au diamètre de l'orbite parcouru.**

Nous pouvons fournir une multitude d'exemples à l'appui de cette assertion. D'abord nous avons l'expérience précédente du ballon qui montre à nos yeux la solidarité du diamètre et du temps de révolution. Lorsqu'on laisse tomber dans l'eau froide une goutte de verre fondu, on obtient une **larme batavique** qui se réduit en poussière dès qu'on brise la pointe ; le refroidissement brusque a eu pour effet de maintenir une dilatation en désaccord avec la température après refroidissement, et ce défaut d'équilibre a suffi à désorganiser l'ampoule sous la moindre impulsion.

C'est pour éviter cet inconvénient que, dans l'industrie de la Verrerie, on refroidit lentement toutes les pièces, et on les réchauffe au besoin ; il en est de même en Métallurgie où chaque opération est précédée d'un réchauffage et suivie d'un refroidissement lent.

Si, au point de vue énergétique, on connaît le rôle du diamètre de l'orbite et celui du nombre de révolutions, on ignore le rôle de la rotation des molécules sur elles-mêmes, et la science ne s'en est pas autrement préoccupée ; cependant il y a toute une classe d'énergie, et la plus nombreuse, qui jusqu'ici n'a pu trouver de cause ; ces énergies qui, par leur caractère attractif, ont un air de famille si marqué, nous les avons attribuées à la rotation.

Il paraît constaté en effet (Stallo, *Matière et Physique moderne*) que la chaleur fournie à un corps se partage en translation et en dilatation ; mais toute l'énergie fournie n'est pas absorbée par ces deux mouvements ; il y a un reliquat que Stallo attribue aux mouvements intermoléculaires ; nous pensons, nous, que ce reliquat est absorbé par la rotation des molécules.

Nous comptons démontrer fort simplement avec expériences à l'appui que le mouvement de rotation moléculaire explique tous les phénomènes magnétiques et électriques.

Mais auparavant recherchons la liaison de la rotation avec les deux autres éléments du mouvement moléculaire, il est pour cela nécessaire d'anticiper un peu sur l'étude de l'électricité ; nous verrons au cours de cette étude que dans un conducteur métallique parcouru par un courant, c'est la rotation des molécules qui propulse l'éther ; l'intensité du courant est donc proportionnelle à cette rotation ; or la loi de Joule nous apprend que la chaleur développée dans un courant électrique est proportionnelle au carré de l'intensité ou, en d'autres termes, que le nombre des vibrations moléculaires est proportionnel au carré du nombre des rotations.

Nous pouvons donc compléter comme suit le principe qui relie les trois éléments de mouvement d'une molécule.

Dans un corps laissé libre, le nombre des révolutions moléculaires est proportionnel à la fois au diamètre de l'orbite et au carré du nombre des rotations. — En accroissant un quelconque des trois mouvements moléculaires par le moyen d'une énergie étrangère, les deux autres s'accroissent dans les proportions indiquées par la loi ci-dessus.

Ne parlant que de la chaleur, M. Berthelot, dans sa *Thermochimie*, explique qu'elle accroît, en général, la force vive des autres mouvements.

Ce n'est qu'en approfondissant l'étude de la constitution de la matière que l'on peut se rendre clairement compte de la solidarité qui relie les mouvements moléculaires et de leur possibilité de transformation les uns dans les autres, que l'on peut saisir, en un mot, l'équivalence des énergies représentées par ces mouvements.

C'est pour avoir méconnu cette nécessité qu'Auguste Comte a pu écrire dans sa *Philosophie positive* :

« Malgré toutes les suppositions arbitraires, les phénomènes
« lumineux constitueront toujours une catégorie *sui generis*
« nécessairement irréductible à aucune autre, une lumière
« sera éternellement hétérogène à un mouvement ou à un
« son. »

Or la science a prouvé que la lumière ou la chaleur, qui sont même chose, sont dues à des vibrations moléculaires, c'est-à-dire à un mouvement, bien plus comme dans le son, ces mouvements sont des vibrations ; la lumière n'est donc hétérogène ni à un mouvement ni à un son.

EXEMPLES DE TRANSFORMATION D'ÉNERGIES

Si par un artifice quelconque nous contrarions l'arrangement moléculaire d'un corps, nous voyons, comme dans l'exemple de la toupie, ces mouvements se transformer les uns dans les autres. Comprimons ce corps, nous diminuons le diamètre orbitaire des molécules ; mais alors le nombre de leurs révolutions s'accroît et la température s'élève, ceci est surtout sensible lorsqu'on comprime un gaz ; dilatons le corps, le diamètre de l'orbite augmente, mais le nombre des révolutions s'affaiblit et le corps se refroidit.

En application de cette théorie cinétique étendue aux solides et aux liquides, suivons la répartition de la chaleur lorsque, par exemple, on chauffe un litre d'eau, et pour simplifier prenons cette eau à zéro degré en passant sous silence l'énergie absorbée par la rotation. De 0 à 100° chaque calorie fournie est utilisée pour 2/5 à élever la température, c'est-à-dire à accroître le nombre des révolutions, et pour 3/5, soit plus de la moitié, à dilater l'eau et augmenter, par conséquent, le diamètre de l'orbite.

Lorsque l'eau est à 100°, elle ne s'échauffe plus ; toute la chaleur fournie à nouveau est consacrée à la seule dilatation, c'est-à-dire à vaincre la cohésion ; le nombre des révolutions ne variant pas, le diamètre de l'orbite devient ainsi 12 fois plus considérable, et 537 calories sont dépensées à cet effet.

Dans ce mouvement orbitaire considérablement agrandi, il arrive alors qu'aux points extrêmes, la molécule sort de la sphère d'attraction des molécules environnantes, la cohésion se trouve rompue, et la molécule, devenue libre, se propulse dans l'éther ; son énergie s'est tout simplement transformée, mais pas une parcelle n'en a été abolie.

En sens inverse, considérons maintenant comment un gaz peut se liquéfier par la pression.

Soit un gaz parfait contenu dans un récipient dont un côté forme piston ; à la pression normale les molécules conservant les mouvements qu'elles possédaient en liberté, elles frappent les parois, mais pas davantage que les molécules de l'air extérieur : il n'y a donc pas de pression mesurable.

Enfonçons le piston, les molécules occuperont un espace plus restreint, le nombre de leurs chocs contre les parois augmentera, et il y aura pression par rapport à l'extérieur ; cependant chaque molécule peut être encore entièrement libre de ses mouvements de propulsion.

Mais ici se pose une question d'élasticité. Les atomes étant insécables sont forcément durs, c'est-à-dire sans intervalles intérieurs permettant une compression ; par suite ils ne sauraient restituer l'énergie reçue dans les chocs ; cela est vrai ; mais les atomes sont doués de rotations rapides ; or Poinsot a démontré qu'un corps dur en rotation peut rebondir comme s'il était parfaitement élastique ; c'est aussi l'opinion de lord Kelvin ; donc l'énergie moléculaire ne sera pas amoindrie par les chocs.

Mais poursuivons la compression : à un instant le mouvement de translation des molécules commencera à être entravé, par suite des chocs devenus trop nombreux, et tout comme l'hélice du bateau qui n'est pas encore en pleine marche, elles émettront un flux d'abord discret, mais qui ira grandissant au fur et à mesure que s'accentuera le rapprochement, et chaque fois qu'une molécule passera dans le flux aspirant ou propulsant d'une autre molécule, elle sera retardée ; le gaz commence alors à devenir visqueux, et n'obéit plus qu'imparfaitement à la loi de Mariotte.

Enfin, à un certain degré de pression, les molécules restent attirées dans leurs flux réciproques ; la cohésion a tué l'indépendance des molécules, qui de gazeuses sont devenues liquides ; leur mouvement de translation s'est transformé en mouvement de révolution.

C'est contre les parois du récipient que la liquéfaction commence à se produire, et la raison en est simple. Après chaque choc contre les parois, les molécules, avant de rebondir, éprouvent un moment d'arrêt ; pendant un instant très court elles restent immobiles, réalisant ainsi les conditions d'une molécule solide ; elles émettent alors un flux au maximum et se trouvent dans les conditions les plus favorables pour attirer, aspirer les autres molécules, qui viennent elles aussi subir un temps d'arrêt contre les parois.

Évolution de la matière. — C'est sous l'état solide que la matière jouit du maximum de propriétés, c'est l'état le plus différencié, le plus parfait, de même que, parmi les corps célestes qui peuplent l'espace, ce sont les corps groupés en système dernier mot de leur évolution, qui offrent le plus de variété et d'harmonie.

Dans les liquides, les différences de propriétés sont en effet moins grandes que dans les solides ; enfin, à l'état gazeux, les corps ont des propriétés presque communes, c'est ainsi que tous les gaz se compriment de la même quantité pour une même pression, ils se dilatent de la même quantité pour une même élévation de température, leurs volumes se combinent dans des proportions simples et définies. Enfin Avogrado a reconnu que un litre de chaque gaz renferme le même nombre de molécules, et cette loi est aussi universelle que celle de la gravitation.

Crookes, enfin, a constaté une assimilation presque complète lorsque les gaz sont raréfiés à un millionième d'atmosphère, à tel point qu'il a proposé d'en faire un quatrième état de la matière.

Cela laisse pressentir qu'à un degré d'évolution encore moins avancé ou plutôt au début même de l'évolution, toutes les matières se ressemblent, en un mot qu'il n'existe plus qu'une seule matière primordiale infiniment atténuée.

Par le seul fait que dans les solides la molécule est fixée en des mouvements étroits, nous avons reconnu qu'elle émettait un flux, cause de la cohésion. C'est aussi ce flux qui engendre les phénomènes du magnétisme et de l'électricité; c'est lui, c'est-à-dire l'atmosphère d'éther que se crée chaque molécule, qui constitue la charge d'électricité moléculaire avec un côté propulsant ou positif et un côté aspirant on négatif; mais nous verrons cela plus loin.

RÉPARTITION DE L'ÉNERGIE DANS L'ÉCHAUFFEMENT DES GAZ

Si la molécule solide se trouve dans les meilleures conditions pour émettre un flux et se prêter aux phénomènes électriques, elle se trouve aussi dans les meilleures conditions pour vibrer, c'est-à-dire pour recevoir ou émettre de la chaleur.

Mais ici se dresse une objection : puisque des atomes doivent être liées pour pouvoir vibrer, comment se fait-il que les gaz dont les mouvements consistent en une simple translation puissent s'échauffer.

Il y a deux cas à considérer, si la molécule du gaz est formée de plusieurs atomes, ces atomes pourront vibrer dans la molécule, c'est-à-dire être animés, autour d'une position moyenne, de mouvements de révolution constitutifs de la chaleur, et alors plus la molécule du gaz contiendra d'atomes, plus le gaz pourra absorber de chaleur, c'est-à-dire plus il faudra lui fournir de chaleur pour l'élever d'un degré.

Voici ce que dit Tyndall à ce sujet : « Les vibrations, ou la « chaleur reçue par la molécule des gaz, qui est presque « nulle pour les gaz simples, tels que l'hydrogène et l'azote, est « considérable pour les gaz composés. » Et ailleurs:

« Les molécules des gaz élémentaires sont inaptes à émettre

« ou à absorber aucune quantité sensible de chaleur rayon-
« nante. »

Il ne faut pas oublier que nous ne parlons que de la chaleur
rayonnante, celle qui est transmise par les ondulations.

Cette conclusion de Tyndall, qui est la confirmation de la
théorie cinétique des gaz et de notre théorie de la matière en général, est confirmée par les minutieuses expériences qu'a exécutées
cet ingénieux savant sur la capacité calorifique des gaz, expériences dont il a exposé les résultats dans son remarquable
ouvrage de *la Chaleur considérée comme mode de mouvement*.

Presque tous les gaz, dit Tyndall, sont transparents pour la
lumière ; mais ils ne sont pas transparents pour la chaleur, ils
ne se laissent traverser par elle sans s'échauffer que lorsqu'ils
sont simples ; si, au contraire, leur molécule est composée de
plusieurs atomes, ils absorbent de la chaleur et sont susceptibles
d'en émettre.

C'est ainsi que Tyndall a trouvé que l'air, l'oxygène, l'hydrogène et l'azote, en particulier, laissent passer sans en presque
rien retenir la chaleur solaire ou bien celle émanée d'une autre
source ; au contraire, le gaz oléfiant, composé de 4 atomes de
carbone et de 4 atomes d'hydrogène, en tout 8 atomes, retient
une grande quantité de chaleur, à tel point que $1/30$ répandu
dans l'atmosphère en absorbe 90 fois plus que l'air.

La vapeur d'eau qui est contenue dans l'air dans la proportion de 0,004 absorbe 72 fois plus de chaleur que ce dernier ;
or la molécule de la vapeur d'eau est triatomique ; il en est
de même de l'acide carbonique, triatomique également ; aussi
la vapeur d'eau et l'acide carbonique jouent-ils un rôle considérable dans la conservation et la distribution de la chaleur
à la surface de la terre ; sans eux, pendant le jour, la chaleur
serait extrême au soleil et le froid intense la nuit et même à
l'ombre, même dans les plus chaudes journées d'été.

Berthelot, dans sa *Thermochimie*, a confirmé en ces termes
les conclusions de Tyndall :

« Dans les gaz monoatomiques, la théorie cinétique des gaz
« n'attribue aux atomes que des mouvements de translation
« et de rotation, mais pas de vibrations correspondant à la
« chaleur. »

Cependant, dira-t-on, tous les gaz s'échauffent, même les monoatomiques ; tout ce qu'on sait, c'est qu'ils se dilatent, c'est-à-dire que leurs mouvements de translation deviennent plus considérables, et comme la chaleur ne se mesure que par la dilatation, on est porté à conclure qu'un gaz qui s'est dilaté s'est échauffé.

On a remarqué sans doute que Tyndall considère comme monoatomiques les gaz oxygène, hydrogène et azote. Cependant la théorie atomique, universellement adoptée dans la chimie, considère ces gaz comme biatomiques ; ces gaz seraient composés non d'atomes isolés, mais de molécules à 2 atomes. Ils seraient dès lors susceptibles d'absorber de la chaleur rayonnante ; or Tyndall a trouvé que ces gaz n'absorbent pas ou n'absorbent que très peu de chaleur. Qui a raison de Tyndall ou de la théorie atomique ?

Nous ne trancherons pas le débat, mais nous ferons remarquer que la conclusion de Tyndall se base sur des expériences consciencieuses, tandis que la biatomicité des gaz ci-dessus n'a été décrétée que pour les faire rentrer dans la loi d'Avogrado.

Comme application de notre théorie cinétique appliquée aux gaz, nous examinerons le phénomène de la combustion et comment peuvent s'expliquer la lumière et la chaleur qui l'accompagnent.

Considérons un morceau de charbon brûlant dans de l'oxygène ; les molécules d'oxygène, dans leur mouvement de translation, viennent frapper le charbon et se combinent avec lui ; mais qu'est-ce que cela signifie, on dit communément que la chaleur et la lumière produites sont dues au choc des molécules, mais c'est là une expression impropre et une idée erronée, car on sait que lumière et chaleur résultent de mouvements moléculaires.

Voici donc ce qui se passe : lorsque les molécules d'oxygène qui sont animées de mouvements de translation rapides viennent à passer près du charbon déjà incandescent, c'est-à-dire dans un état d'activité particulière, leur mouvement se transforme en un mouvement de révolution autour des atomes de charbon, d'où chaleur et lumière.

Et, en effet, le résultat de la combinaison est un gaz triatomique, l'acide carbonique, où les atomes peuvent vibrer.

Il en est de même lorsqu'on fait brûler du phosphore dans l'oxygène, de l'antimoine dans du chlore, etc.

Tyndall a constaté lui-même que tous les gaz, aussi bien les simples que les composés, sont transparents pour la lumière; mais il a constaté en même temps que les gaz composés arrêtent la chaleur.

Comment cela peut-il s'expliquer? Comment se fait-il en un mot que les gaz composés, opaques pour la chaleur, soient transparents pour la lumière; cependant chaleur et lumière sont dues à des vibrations atomiques. Tyndall en donne pour raison que les molécules des gaz composés sont à l'unisson des ondes obscures et en désaccord avec les ondes lumineuses; or ces deux sortes d'ondes diffèrent très peu les unes des autres par le nombre de leurs vibrations.

Nous pensons que toute autre est la cause, et nous l'avions exposée dans la *Revue scientifique* avant même d'avoir lu l'ouvrage de Tyndall.

Les molécules gazeuses n'arrêtent pas la lumière, en un mot elles ne peuvent pas devenir lumineuses, parce que, vu leur vitesse de translation, elles n'ont pas le temps d'impressionner la rétine, or la lumière n'existe que par cette impression de la rétine.

TRANSPARENCE DE L'ATMOSPHÈRE ET DES GAZ EN GÉNÉRAL

Dernièrement, comme nous visitions un atelier de menuiserie mécanique, notre attention s'est arrêtée à considérer une toupie creusant une moulure dans une baguette de bois.

La toupie est un outil composé d'un axe vertical portant latéralement et en saillie, un doigt d'acier découpé suivant la forme de la moulure à produire; ce doigt ou index horizontal, en tournant rapidement, mord une baguette de bois et y creuse la moulure ; or nous voyions bien avancer lentement la baguette de bois, nous voyions naître la moulure, mais de trace d'outil point ; intrigué, nous nous disposions à toucher du doigt pour nous rendre compte, lorsque nous en fûmes heureusement empêché.

L'index d'acier tournait en effet avec une telle rapidité que l'œil ne l'apercevait pas ; c'est pour le même motif qu'un boulet de canon passant devant nos yeux à la vitesse de 500 mètres par seconde, reste invisible, parce qu'il n'a pas le temps d'impressionner notre rétine.

Or une molécule d'hydrogène parcourt 1.844 mètres par seconde, une molécule d'air en parcourt 485 mètres ; ces molécules sont, en outre, infiniment plus petites qu'un boulet de canon, aussi ne peut-on les apercevoir, et l'atmosphère est pour notre œil comme si elle n'existait pas.

Un fait de chaque jour nous prouve le bien fondé de cette assertion, l'atmosphère contient de la vapeur d'eau, or celle-ci, à l'état de gaz, est invisible et ne gêne en rien les observations astronomiques ; mais survienne un refroidissement, et nous voyons cette vapeur se condenser en un nuage opaque. Le nombre des molécules d'eau n'a pas changé, ces molécules occupent le même espace, mais elles ont quitté l'état gazeux, elles sont devenues liquides ou plutôt elles ont pris un état semi-solide appelé globulaire, dans lequel elles restent isolées comme dans une émulsion ; en un mot les molécules ont perdu le mouvement de translation qui les rendait invisibles.

IMPORTANCE DE L'ÉNERGIE MOLÉCULAIRE

Un premier aperçu nous montre l'importance de l'énergie moléculaire, nous en citerons deux exemples.

Tout le monde connaît la force d'expansion de la glace qui, en se dilatant, peut faire éclater un canon de fusil ; un autre exemple est celui d'une barre de fer chauffée au rouge qui, en se refroidissant, ramène un mur dans la verticale.

Pour bien nous rendre compte de la répartition de l'énergie moléculaire, considérons un kilogramme d'eau ; Mayer et Joule sont parvenus à fixer l'équivalent mécanique de la chaleur, et Joule a trouvé qu'une calorie ou chaleur nécessaire pour élever cette eau de 1° C. équivalait à 425 kilogrammètres.

Partant de là, recherchons quelle est la somme d'énergie contenue dans le kilogramme d'eau considéré à 20° au-dessus de 0.

— 273° étant admis comme le 0 absolu, à 0° C. la glace possède une énergie représentée par 136°,5 ; la glace en effet, pour s'élever de 1°, n'exige que 1/2 calorie. Pour fondre la glace, 79 calories sont nécessaires ; enfin, en ajoutant 20 calories pour les 20° de l'eau, nous arrivons à un total de 235,5 calories, 1 kilogramme d'eau à 20° possède donc une énergie capable d'élever 235^{kg},5 à 425 mètres de hauteur.

C'est relativement peu, et il faudrait une bien autre énergie pour amener l'eau à l'état de vapeur ; mais prenons la chose à l'origine.

En faisant éclater une étincelle électrique dans un mélange de 1 kilogramme d'hydrogène et de 8 kilogrammes d'oxygène, il se dégage 34.000 calories, et il se forme 9 kilogrammes d'eau; pour un seul kilogramme il se dégagerait 4.000 calories environ.

D'où provient cette énorme quantité de chaleur, elle n'a pas été apportée de l'extérieur, puisqu'une simple étincelle, c'est-à-dire une énergie insignifiante, a provoqué la combinaison : ce sont donc les gaz qui ont manifesté cette énergie en modifiant leurs mouvements, leur translation s'est changée en révolutions ; et ce sont les révolutions ou vibrations qui ont créé la chaleur.

Quoi qu'il en soit, on peut conclure que 112 grammes d'hydrogène et 888 d'oxygène à l'état de gaz contiennent une énergie capable d'élever 4.000 kilogrammes à 425 mètres de hauteur.

Un seul gramme d'hydrogène, par sa combustion, dégage 34 calories ou une énergie suffisante pour élever 34 kilogrammes à 425 mètres.

Ces chiffres sont prodigieux et de nature à confondre l'esprit. Mais est-ce là tout? Non encore. La chimie démontre que les atomes d'hydrogène et d'oxygène n'existent pas seuls, ce qui existe ce sont des molécules biatomiques; ce ne seraient donc pas des atomes isolés qui ont concouru à former l'eau, mais de vraies molécules qui ne sont elles-mêmes que des combinaisons; or ces combinaisons représentent aussi une quantité notable d'énergie se chiffrant sans doute encore par milliers de calories.

Cette analyse, en outre des résultats déconcertants qu'elle nous révèle, montre encore que l'énergie va en se dégradant au fur et à mesure que la matière descend de l'état gazeux à l'état solide.

Tout d'abord on constate que dans la combinaison des gaz pour former de l'eau, la chaleur produite ne tarde pas à se disperser dans l'espace, d'où une première perte d'énergie; ensuite le liquide devenant solide abandonne encore de la chaleur qui se dissipe de même, etc...; de sorte que l'état solide, le plus différencié, le plus parfait au point de vue de ses propriétés, est celui qui renferme le moins d'énergie.

Cette dégradation est bien visible si on considère le soleil; sa partie vraiment active n'est-elle pas gazeuse et les planètes qui furent en leur temps de petits soleils n'ont-elles pas en se solidifiant perdu leurs calories.

Il en est de même pour la matière animée, la vie n'a commencé à devenir possible que lorsque les planètes ont été refroidies, et plus elles se refroidissent, et plus se perfectionnent et se différencient les êtres qui vivent à sa surface.

La quantité d'énergie contenue dans la matière n'est donc pas la mesure de son degré d'organisation.

Toutes les énergies répandues dans l'univers proviennent de mouvements moléculaires: la chaleur et la lumière proviennent des vibrations ou mouvements de révolution de la molécule, quant aux autres énergies dont nous ignorons l'origine, magnétisme, électricité, attraction gravifique, etc., elles proviennent d'une autre catégorie de mouvements, les rotations.

TRANSFORMATION DE L'ÉNERGIE EN CHALEUR DANS LE CHOC

La chaleur est due à un mouvement; c'est une énergie dynamique moléculaire ; mais comment comprendre qu'une énergie mécanique, un choc, par exemple, puisse se changer en chaleur. Examinons avec soin cette transformation.

Soit un boulet frappant une cible, le boulet ne s'est pas déformé, la cible pas davantage ; cependant il y a une énergie considérable anéantie, à savoir le produit de la masse du boulet par le carré de sa vitesse. Comme équivalent, on n'aperçoit nulle part de trace d'effraction, rien que de la chaleur. Serait-ce donc que la chaleur développée dans le boulet et la cible représente l'énergie perdue?

Il en est bien ainsi : dans le choc en effet chaque molécule de la cible et du boulet a accru ses mouvements de révolution ; elle a accru aussi le diamètre de son orbite et sans doute aussi ses mouvements de rotation ; chaque molécule effectue donc un parcours supplémentaire, et l'énergie qu'elle a gagnée est représentée par le produit de sa masse par le carré de son surcroît de vitesse.

La somme des énergies ainsi acquises par chaque molécule représente l'énergie perdue, et cela non sous une forme différente, mais sous la même forme que la première ; le mouvement n'a engendré que du mouvement, les apparences seules sont changées. La sensation de chaleur que nous ressentons et qui masque le phénomène est un simple accident physiologique de notre organisation.

Propriétés de la matière, dégradation de l'énergie. — Non seulement les énergies de toute nature sont la conséquence directe des mouvements moléculaires, mais encore toutes les propriétés de la matière, ainsi la cohésion et l'affinité, ne sont que des énergies attractives dues, d'après nous, à la rotation de la molécule; la température d'un corps dépend de son mouvement vibratoire, de même aussi que sa couleur.

Les énergies, n'étant que la conséquence des mouvements moléculaires, peuvent se remplacer les unes les autres suivant certaines équivalences ; cependant la science admet que toutes les énergies et tous les mouvements de l'univers tendent à se dégrader et à se fondre en chaleur ; mais la chaleur n'est-elle pas elle-même un mouvement ?

Cette théorie décevante de la dégradation de l'énergie ne va d'ailleurs à rien moins qu'à prévoir la fin de l'univers, et c'est en effet la conséquence qu'en tirent la plupart, pour ne pas dire tous les savants, les astronomes en particulier ; pour eux, une certaine quantité d'énergie a été dispensée à l'univers, à une origine quelconque, et cette énergie est en train de se dissiper, ce qui fait que, dans un avenir plus ou moins lointain, mais inéluctable, l'univers aura vécu, aucun corps céleste ne parcourra désormais l'espace sinon à l'état de cadavre, il n'y aura plus qu'une chaleur qui, uniformément répartie, sera inappréciable, et constituera désormais le zéro définitif et éternel.

Cette terminaison du monde est-elle vraisemblable ? est-elle philosophique ?

MAGNÉTISME

DEUXIÈME PARTIE

MAGNÉTISME

IGNORANCE ACTUELLE CONCERNANT LE MAGNÉTISME ET L'ÉLECTRICITÉ

On ne sait rien du magnétisme et de l'électricité, nos savants se sont même détournés de la voie des recherches, pour, sous le nom d'*Électricité générale*, ne s'occuper que d'applications analytiques.

Auguste Comte décrit ainsi cette tendance qui, plus que jamais, sévit aujourd'hui.

« En électricité, la plupart des observations sont encore
« incohérentes, aucune explication satisfaisante n'est fournie ;
« on a abusé de l'instrument analytique, qui sert trop souvent
« à déguiser, pour soi-même et surtout pour les autres, le vide
« réel des idées sous l'abondance illusoire des discours algé-
« briques.

Dans ses *Conférences scientifiques*, lord Kelvin reconnaît notre ignorance au point de vue électrique en indiquant où pourrait, selon lui, se trouver la solution.

« Rien ne peut expliquer les propriétés en vertu desquelles
« les atomes et les molécules s'influencent réciproquement.....
« Jusqu'à présent, on n'a découvert aucun fait capable d'in-
« diquer la voie qui pourrait peut-être conduire à vaincre cette

« ignorance, et on n'a pas imaginé comment on pourrait le
« découvrir.....

« Cependant la théorie cinétique des gaz, qui explique par
« le mouvement, des propriétés de la matière en apparence
« statiques, laisse pressentir la création d'une théorie com-
« plète, dans laquelle toutes les propriétés de la matière appa-
« raîtraient comme de simples attributs du mouvement..... »

Et Maxwell, dans son *Traité élémentaire d'électricité :*

« Peut-être découvrirons-nous un jour que toutes les énergies
« potentielles ne sont en réalité que des énergies cinétiques
« d'un milieu ignoré jusqu'ici. »

Ces opinions sont partagées par l'abbé Moigno, le P. Secchi,
Lamé, etc., et elles ne sont autres qu'un réveil des idées carté-
siennes, qui faisaient dériver tous les phénomènes de la nature
des lois générales régissant la matière et le mouvement.

Dans son *Traité de Physique*, M. Maneuvrier précise encore
l'état navrant de notre ignorance :

« On ne peut assimiler l'électricité à un fluide qui s'écoule
« d'un corps à un autre, quoiqu'on ignore sa nature.....

« Comme en hydrostatique, le potentiel d'un courant est
« assimilable à la différence de niveau de deux vases commu-
« quants, la pile est une pompe qui remonte l'eau dans un vase
« supérieur. »

Or voilà bien ce qui a dévoyé les idées relatives à l'électricité
et au magnétisme : c'est cette opinion partout répandue, partout
accréditée que le potentiel était assimilable à une différence de
niveau, c'est cette idée erronée et, en tout cas, opposée aux
théories cinétiques de vouloir expliquer le mouvement par des
propriétés statiques, c'est-à-dire par le repos. Partageant cette
opinion, Maxwell lui-même avance d'une façon explicite que le
potentiel électrique est analogue à une pression hydrostatique, et
un ouvrage tout récent de 1904, *Notice sur l'électricité*, de
Cornu, consacre de nombreuses pages à cette comparaison du
potentiel avec une différence de niveaux.

POTENTIEL ET ÉTHER

Le potentiel doit être considéré comme résultant du mouvement d'une turbine dans le sein d'un fluide ; il doit être dynamique et non statique. Cette simple considération, que nous appliquerons partout, tant en magnétisme qu'en électrodynamique et en électrostatique, suffira à tout expliquer, et cela seul nous permettra de remplir le pronostic de lord Kelvin : expliquer toutes les propriétés de la matière et toutes les énergies moléculaires par les seuls mouvements atomiques et moléculaires.

Tout d'abord ce mouvement de turbine rend à merveille compte de l'égalité du positif et du négatif à droite et à gauche de l'électromoteur, car une turbine propulse exactement la quantité qu'elle a aspirée ; cela vaut mieux en tous cas que de supposer qu'un fluide neutre a été décomposé et que de l'électricité positive se dégage d'un côté, de l'électricité négative de l'autre, et en quantités égales.

Nous ne ferons autre chose, au cours de cet ouvrage, que de considérer les divers effets d'une turbine en rotation dans un fluide.

Malgré notre ignorance, il n'est plus contesté aujourd'hui que le magnétisme et l'électricité soient de même nature quoique on ignore encore leur essence. Un premier point est acquis : il est reconnu en effet qu'à la différence de la chaleur, l'électricité se comporte comme de la matière ; or cette matière ou plutôt ce fluide, dont nous avons déjà parlé dans l'introduction, nous avons conclu avec la plupart des auteurs que c'était l'éther.

Il y aurait donc trois sortes de fluides : les liquides, les gaz et l'éther, ce dernier étant de beaucoup le plus subtil ; ces fluides jouissent des mêmes propriétés ; l'éther lui-même est doué d'inertie, comme nous le reconnaîtrons plus loin ; il peut enfin se comprimer et prendre un mouvement d'écoulement, et, toujours comme les fluides matériels, l'éther ne peut manifester d'énergie que lorsqu'il est comprimé comme les gaz ou qu'il est mis en mouvement.

Comment peut-on donner à l'éther de la tension ou du mouvement? exactement comme on le fait pour les liquides et les gaz.

Les liquides et les gaz, en même temps qu'ils produisent de l'énergie par leur mouvement ou leur tension, sont le siège d'ondes qui transmettent des énergies à distance sans déplacement de leurs propres molécules. Ainsi l'air qui fait tourner une aile de moulin transmet au même instant des ondes sonores; il en est de même pour l'éther, qui en même temps qu'il produit de l'énergie, transmet des ondes lumineuses et calorifiques.

Pour produire de l'énergie magnétique ou électrique, il n'y a rien à innover dans les moyens employés vis-à-vis des fluides matériels.

Les phénomènes magnétiques et électriques s'expliquent mieux, en assimilant l'éther à un gaz qu'à un liquide, dans l'électrostatique notamment.

Cependant plusieurs points paraissent établir une différence entre l'électricité ou éther et les fluides matériels, et tout d'abord l'éther ne semble pas pouvoir se mouvoir en dehors de la matière; nous en verrons plus loin la raison en exposant la manière d'être de la molécule solide.

Secondement les phénomènes statiques ou dynamiques produits par les fluides matériels, n'offrent ou ne paraissent offrir rien qui ressemble aux champs magnétiques, électrostatiques ou électro-dynamiques; c'est là une assertion erronée, car nous démontrerons de façon irréfutable que les fluides matériels produisent des champs non seulement analogues, mais absolument semblables; il suffit pour cela de se placer dans des conditions identiques, conditions que, il est vrai, il faut démêler; et en effet, disons sans plus tarder que nous pouvons obtenir par le moyen de l'eau et de l'air tous les champs magnétiques et électromagnétiques, et les actions mutuelles de ces divers champs hydrauliques sont exactement les mêmes que les actions mutuelles des champs précédents.

CAUSE DU MAGNÉTISME ET DE L'ÉLECTRICITÉ. — FORME PROPULSIVE DE LA MOLÉCULE

Examinons d'abord le Magnétisme; toutes les théories s'accordent à reconnaître que, dans un aimant, les molécules sont orientées parallèlement; cette orientation est manifeste dans les fantômes que l'on produit au moyen de limailles de fer; ces limailles se disposent en effet suivant leur longueur en lignes de force continues allant d'un pôle à l'autre, et prolongeant à n'en pas douter les molécules de l'aimant.

Pour le surplus, on est encore dans l'ignorance la plus complète, et on en est réduit à la théorie d'Ampère, qui considère que chaque molécule de fer est parcourue par un courant fermé; or, cette explication reste à l'état métaphysique, puisque nous ignorons ce que c'est qu'un courant électrique.

Ce que l'on sait, par exemple, c'est qu'un fragment d'un aimant, si petit soit-il, est encore un aimant; on peut donc sans témérité conclure que la molécule élémentaire est aussi un aimant élémentaire.

Les théories sur la constitution de la matière reconnaissent à la molécule des corps deux mouvements, un mouvement de translation, qui se change fréquemment en un mouvement de revolution ou vibratoire, et un mouvement de rotation sur elle-même.

Le mouvement de translation appartient en propre aux molécules des gaz. Par le mouvement vibratoire, la science a expliqué la lumière et la chaleur; mais elle n'a su expliquer jusqu'à ce jour aucune énergie de caractère attractif, *magnétisme, électricité, capillarité, cohésion, affinité, gravitation.* Nous avons, comme nous l'avons déjà dit, expliqué ces énergies par le mouvement rotatoire de la molécule, et nous n'avons eu pour cela recours qu'à une seule hypothèse, nous avons supposé à la molécule **une forme propulsive, portion d'hélice, aile de moulin à vent, surface gauche quelconque, etc...**

Dans les corps célestes, l'axe de rotation n'a aucune liaison avec les autres éléments, et il peut prendre toutes les inclinaisons possibles sur le plan de l'orbite ; il doit en être de même dans la molécule ; c'est dire que l'on pourra orienter cet axe sans modifier, en rien les phénomènes calorifiques et lumineux.

Voyons ce que cette forme propulsive de la molécule est susceptible de nous donner, et tout d'abord offre-t-elle quelque vraisemblance ?

La science admet que dans le magnétisme et l'électricité les molécules des corps sont polarisées, c'est-à-dire orientées dans une direction commune ; elles ne sont donc pas sphériques, car une sphère, la même en tous sens, ne saurait avoir d'orientation. De plus, les deux extrémités ou pôles sont douées de propriétés égales et contraires ; la molécule doit donc être dissymétrique par rapport à son équateur.

Si nous ajoutons que la molécule tient sa rotation de la constitution même de la matière, on reconnaîtra que toutes les propriétés que nous lui attribuons lui sont déjà reconnues par la science.

Faisons tourner dans un fluide une pareille molécule ; elle le propulsera par devant et l'aspirera par derrière, à moins d'identité absolue de part et d'autre de l'équateur.

Cette aspiration et cette propulsion, opposées comme effet, mais égales en quantité, représentent bien les qualités reconnues aux pôles, et on ne voit pas quelle autre forme pourrait satisfaire à ces conditions ; le pôle positif est le côté propulsant ; le pôle négatif, le côté aspirant.

Les phénomènes électriques et magnétiques s'expliquent tous par cette forme propulsive de la molécule ; le fluide qui leur donne naissance n'est autre que l'éther qui remplit l'espace et les intervalles moléculaires ; les énergies électriques et magnétiques sont dues à cet éther à l'état de tension ou de mouvement, suivant qu'il est confiné dans un espace limité ou libre de se mouvoir dans un circuit continu.

Il paraît difficile d'imaginer une cause dynamique plus simple ; il reste à voir à l'usage comment elle rendra compte des phénomènes ; mais, avant d'aborder l'examen de ces phéno mènes, recherchons si notre molécule remplit bien les conditions jugées nécessaires par les savants qui ont le plus approfondi ces questions; ces savants sont, à vrai dire, presque tous étrangers à la France.

Dans l'ouvrage de lord Kelvin, intitulé : *Conférences scientifiques* on lit à la page 173 de l'édition française :

« *La force magnétique est due, nous le savons maintenant, à des rotations de molécules.* »

Page 330 :

« *L'induction magnétique est, dans mon idée, due à la rota-* « *tion de l'éther.* »

Page 339 :

« *La seule chose qui explique le magnétisme du fer, c'est une* « *rotation inhérente et préexistante de ses molécules.* »

Dans le *Traité de magnétisme et d'électricité*, de Maxwell, traduit par Seligman-Lui, nous lisons :

« *Les tourbillons moléculaires ne sont pas en désaccord avec* « *les phénomènes magnétiques...*

« *..... Nous avons des raisons de penser qu'il se produit dans* « *le champ magnétique un phénomène de rotation exécuté par de* « *petites particules de matière tournant chacune autour de son* « *axe, lequel est parallèle à la direction des forces magnétiques;* « *toutes ces rotations sont reliées entre elles par quelque méca-* « *nisme inconnu.* »

Voilà donc deux savants parmi les plus considérables qui admettent la nécessité de rotations moléculaires et de tourbillons d'éther; comment, au surplus, envisagent-ils les propriétés d'une molécule polarisée. Elle est, dit Maxwell, dans le traité déjà cité, positive d'un côté, négative de l'autre, les deux électricités étant toujours égales sur chaque molécule; d'autres auteurs se bornent à indiquer que les deux extrémités de la molécule doivent être douées de propriétés égales et contraires.

Nulle part il n'est question d'aspiration et de propulsion; faute de cette vue, les savants ci-dessus, pas plus que les autres, n'ont pu aboutir à une explication, nous ne dirons pas simple, mais même intelligible, du magnétisme et de l'électricité.

Ampère a bien cherché à expliquer le magnétisme en prétendant que chaque molécule était naturellement parcourue par un courant électrique qui se fermait sur lui-même et que, par

suite, elle était positive à une extrémité et négative à l'autre ;
mais est-ce là une explication qui puisse satisfaire l'esprit et
dont se puisse contenter la science.

CONSTITUTION D'UNE MOLÉCULE. — CHARGE ÉLECTRIQUE

La molécule imaginée par Ampère pour expliquer le magnétisme reste métaphysique tant qu'elle invoque un courant
électrique dont nous ne connaissons rien ; elle correspond
cependant à une réalité, et cette réalité nous prétendons la
trouver dans notre hypothèse et dans la constitution même de
la matière.

Prenons une molécule et faisons-la tourner dans l'éther, ou
plutôt prenons une petite turbine que nous ferons tourner dans
l'eau, et examinons attentivement ce qui va se passer.

De l'eau est aspirée par un côté que nous appellerons pôle
négatif, et refoulée par l'autre côté, qui sera le pôle positif ; le
tourbillon s'épanouit à droite et à gauche, et c'est l'eau refoulée

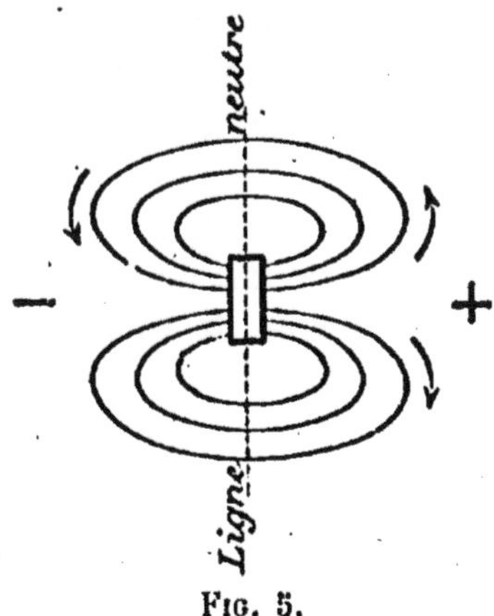

Fig. 5.

par un pôle qui rentre par l'autre ; ces pôles aspirants et propulsants laissent déjà pressentir les propriétés d'attraction et

de répulsion des aimants et leur adaptation aux énergies que nous avons qualifiées d'attractives.

Cette expérience est fondamentale, car elle est à la base de tous les phénomènes d'ordre attractif; nous n'en invoquerons pas d'autre; examinons-en donc attentivement toutes les particularités et toutes les conséquences.

La surface de l'eau où se produisait le tourbillon ayant, au préalable, été saupoudrée de sciure de bois, on voyait ce tourbillon se limiter à une zone au-delà de laquelle l'eau restait au repos.

La petite turbine tournant dans l'eau nous montre ce qui doit se passer pour la molécule solide qui tourne au sein de l'éther, et nous disons à dessein molécule solide, car une pareille molécule est fixe et seule apte à propulser comme nous l'avons déjà dit et le répéterons souvent encore.

Par sa forme héliçoïdale, la molécule turbine propulsera en avant l'éther qui sera aspiré par derrière, cet éther formera ainsi un courant fermé sur lui-même, qui dans un sens traversera la molécule et reviendra par l'extérieur. En outre, par suite de la rotation, ce flux sera tordu, ce sera un véritable tourbillon analogue à celui qui se forme parfois à la surface d'une eau tranquille.

Cette atmosphère tourbillonnaire ne peut-elle pas, ne doit-elle pas être considérée comme étant la fameuse charge électrique qu'on attribue à chaque molécule matérielle : charge dont on a fait une entité tantôt sous le nom d'*électron*, tantôt sous celui de *particule?*

En quoi l'atmosphère-tourbillon diffère-t-elle de l'éther ambiant, simplement par ce fait que l'éther y est animé d'un mouvement continu en forme de tourbillon; c'est ce mouvement qui le différencie de l'éther environnant et il redeviendrait inerte si la molécule venait à disparaître ou simplement à cesser son mouvement de rotation.

Fizeau a reconnu — et la science à sa suite — que l'atmosphère-tourbillon ne pouvait être séparée de sa molécule; qui ne retrouve ici le courant d'Ampère? Jusqu'ici on reconnaissait bien la nécessité d'un courant moléculaire, mais on ne s'expliquait pas comment ce courant pouvait naître et persister, et

Lodge définit ainsi cette impuissance (théories nouvelles de l'électricité) : « *Dans un aimant comment se maintiennent les cou-* « *rants moléculaires, d'où proviennent-ils? autant demander* « *d'où proviennent les propriétés de la matière, cela est ainsi* « *et cela suffit.* »

Notre genèse de la charge moléculaire, conséquence de notre théorie, suffit à résoudre toutes ces difficultés.

Mais examinons de plus près ce courant moléculaire, il se referme bien sur lui-même; mais en outre, quelle que soit sa densité, que la charge soit en déficit ou en excédent, chaque charge ou plutôt chaque tourbillon n'en conserve pas moins un pôle positif ou propulsant et un pôle négatif ou aspirant.

Cette manière d'être donne également la clé d'un fait très important : il explique pourquoi les molécules des gaz ne possèdent pas de charges électriques et pourquoi on ne peut leur en fixer.

Pour quel motif la molécule solide propulse-t-elle et pourquoi, par suite, crée-t-elle un flux qui lui est propre? c'est parce qu'elle est fixe, solidement assise, mais si cette molécule turbine peut se mouvoir en toute liberté, au lieu de propulser l'éther, elle se propulsera elle-même, comme le fait un oiseau dans l'air, et dans l'eau la turbine d'un bateau en pleine marche, dès lors plus de flux, plus de charge, et c'est le cas de la molécule gazeuse.

Pour rendre cette molécule gazeuse susceptible d'une charge, il faut pouvoir la fixer dans une orientation systématique, comme cela a lieu dans les lignes de force.

La molécule électrique n'est autre chose que la molécule magnétique ; c'est la molécule de tous les corps.

Si pour un motif quelconque une molécule perd de sa charge, elle est constituée en déficit ou en état d'électricité négative et inversement ; mais comment une molécule peut-elle perdre de sa charge et une autre en acquérir?

Si plusieurs molécules sont suffisamment distantes, chacune d'elles conservera son atmosphère ; mais supposons-les suffisamment rapprochées pour que leurs atmosphères se pénètrent ; supposons en outre ces molécules orientées dans le même sens, ce qui est l'essence même des phénomènes élec-

triques et magnétiques, voici ce qui se passera : les atmosphères se pénétrant, la partie d'éther propulsée par l'une des

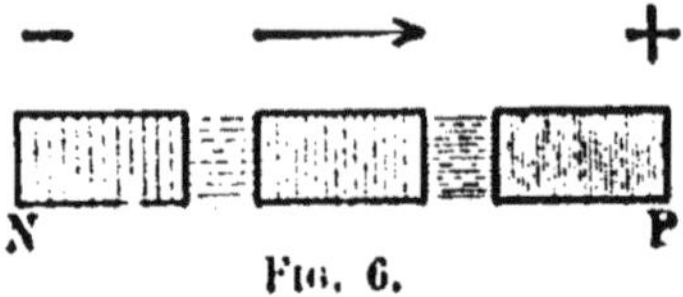

Fig. 6.

molécules sera aspirée par la suivante, l'éther se raréfiera de
la sorte à une extrémité qui sera dite négative et sera condensée
à l'autre extrémité qui sera dite positive.

C'est, en somme, l'application de l'expérience suivante : si
nous supposons trois turbines tournant dans un tuyau fermé,
l'air viendra s'accumuler en tête et se raréfiera en queue, et la
turbine du milieu aura conservé la tension moyenne.

Si dès lors on met l'extrémité N en communication avec un
corps neutre, il y raréfiera l'éther et le rendra négatif ; l'extrémité P, au contraire, en refoulera et rendra le corps ou l'électroscope positif.

D'une façon générale une molécule ne peut prendre d'éther
que ce qu'une autre lui en abandonne. Cette règle ne souffre pas
d'exception en électricité.

La rotation seule des molécules et leur forme propulsive
suffisent à produire ces effets et peuvent seules les expliquer.
La cause déterminante des phénomènes est la polarisation ou
l'orientation imposée aux molécules, et une fois ces molécules
orientées, l'éther est insufflé en avant et raréfié en arrière.
Les charges des molécules d'amont sont surchargées et celles
des molécules d'aval appauvries.

Ne peut-il arriver, lorsque la tension en P est suffisante, que
le tourbillon d'éther se détache de la molécule terminale en
conservant sa personnalité. Certains physiciens le prétendent,
et les électrons peuvent, disent-ils, en certains cas se mouvoir
seuls, dans les rayons cathodiques, par exemple. Mais tout cela
deviendra plus apparent, lorsque nous décrirons plus loin les
expériences faites dans l'eau et dans l'air avec des turbines.

Cette question de liaison de l'éther avec la matière est un
des points les plus importants du problème de l'électricité et

du magnétisme. Diverses explications en ont été données, celle qui, à notre sens, se rapproche le plus de la vérité, est celle qui a été fournie par M. Armand Gautier dans la préface de sa *Chimie* :

« L'analyse des phénomènes optiques, dit-il, a fait admettre à « Cauchy et Lamé que chaque molécule est entourée d'un « réseau d'éther qui augmente en densité à mesure qu'on se « rapproche de la molécule matérielle. Cet éther subit l'attrac- « tion directe de la molécule, ainsi que l'a d'ailleurs démontré « Fizeau dans ses expériences célèbres sur l'entraînement de « la lumière par l'écoulement rapide des milieux transparents. « Cet éther participe aux divers mouvements de la molécule, « réagit sur eux et est influencé par eux. L'étude des phénomènes « électriques conduit aux mêmes conclusions ».

« D'autre part, Davy, Œrstedt, Berzélius, Faraday, Helmholtz « ont pensé que le fluide électrique circule autour des atomes. »

Pourquoi M. Armand Gautier a-t-il dans cette énumération oublié le nom d'Ampère, le seul Français et le plus illustre de tous, et encore cet autre Français, Poisson, presque aussi illustre que lui.

La description du réseau d'éther qui entoure chaque molécule, suivant l'expression de M. Armand Gautier, suggère de nombreuses réflexions, et tout d'abord les conditions qu'il reconnaît nécessaires à ce réseau d'ether ne sont pas expliquées.

Comment l'éther peut-il être attiré par la matière, notre molécule-turbine l'explique ; elle explique aussi comment la partie du tourbillon la plus centrale doit être aussi la plus dense ou plus exactement la plus active, les filets extérieurs ayant un mouvement très lent. Enfin, l'éther-atmosphère participe bien aux divers mouvements de la molécule et ils réagissent l'un sur l'autre.

OPINIONS ACTUELLES SUR LE MAGNÉTISME ET L'ÉLECTRICITÉ

Que dit sur ces questions la science actuelle ? une de ses théories suppose qu'un corps électriquement neutre contient des électrons positifs et des électrons négatifs, et selon que les uns ou les autres dominent, le corps est chargé positivement ou négativement; c'est en somme la vieille hypothèse des deux fluide de Dufay.

On a ainsi fait de l'électron une sorte de substance capable de se combiner avec la matière.

Une théorie plus simple n'admet qu'une seule sorte d'électron, l'élection négatif, et alors une molécule est positive lorsqu'elle a perdu un certain nombre de ses électrons négatifs, et négative si elle en possède un excédent.

Mais comment sont constitués ces électrons, en quoi consistent-ils, pourquoi et par quel mécanisme peuvent-ils passer d'une molécule à une autre, d'où leur viennent enfin les propriétés attractives et répulsives ? autant de questions restées sans réponses.

Au lieu de cette obscurité, nous avons, pensons-nous, fourni des explications claires et montré, outre la constitution de la charge électrique, pourquoi et comment, par la simple orientation des molécules, la charge passe des unes aux autres par le simple jeu des mouvements moléculaires.

Nous ajouterons même qu'en traitant de l'électricité de contact nous avons expliqué, avec expériences à l'appui, que le simple contact de deux molécules hétérogènes suffit à créer des électricités de signes contraires, l'éther de l'une s'écoulant dans l'autre.

A la fin de cet ouvrage, nous exposerons plus en détail la *théorie actuelle de l'électricité* la plus en renom.

Puisque nous parlons de la constitution de la molécule, il ne sera pas sans intérêt de rendre compte ici de la façon dont lord Kelvin conçoit cette molécule : pour lui elle résulte du simple tourbillon d'éther sans présence de noyau matériel à l'intérieur.

Comment cet *atome-tourbillon*, car c'est le nom que lui a donné lord Kelvin, a-t-il pu naître : il ne l'explique pas, ce qui paraît certain c'est qu'une fois né, Helmholtz a démontré qu'un tourbillon doit durer éternellement; rien ne peut le détruire, et il est insécable, ce qui est une qualité reconnue indispensable à l'atome.

Nous ne descendrons pas dans ces profondeurs, où nul flambeau ne saurait nous guider; aussi est-ce à titre purement documentaire que nous donnons cette genèse de l'atome. Nous

nous en tiendrons quant à nous aux atomes matériels que reconnaît la chimie, atomes de fer, atomes de cuivre, etc., et notre dessein n'est pas de rechercher leur origine.

EXPLICATION DES AIMANTS

Abordons maintenant les faits et cherchons à expliquer les aimants et les champs magnétiques; la chose sera grandement facilitée par ce que nous venons d'exposer.

Dans le fer à son état naturel, où les molécules sont orientées en

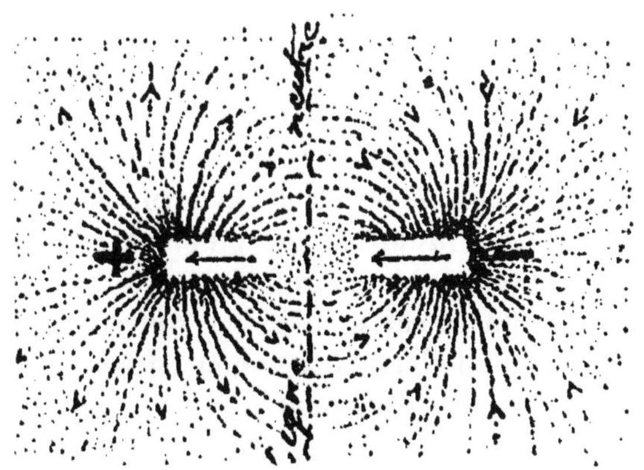

Fig. 7.

tous sens, les aspirations et les propulsions créées par chacune d'elles se détruisent et s'annulent; mais, si les molécules sont orientées, l'éther passera de l'une à l'autre, et viendra s'accumuler à une extrémité du pôle et se raréfier à l'autre.

Les atmosphères des molécules situées du côté du pôle négatif de l'aimant se seront raréfiées, et, par suite, seront chargées négativement; les molécules du pôle positif seront chargées positivement, elles auront un excès d'éther.

Pourquoi l'éther viendra-t-il s'accumuler à une extrémité? Parce que, là, il rencontre les molécules d'air qui sont moins magnétiques que celles du fer, c'est-à-dire qui populsent moins bien; en outre, ces molécules sont plus espacées que celles du fer, ce qui rend le passage de l'une à l'autre plus difficile.

L'éther sera donc retardé dans son mouvement de propulsion; mais ses filets tourbillonnants orienteront néanmoins les molécules d'air, et le courant propulsé sur la moitié du parcours sera aspiré sur l'autre moitié; au milieu la force magnétomotrice changera de sens, tout comme dans les courants électriques, et cela se conçoit bien, si on considère qu'un mobile peut suivre une trajectoire étant poussé par derrière ou tiré par devant sans qu'il en résulte aucun changement dans les apparences.

La densité moyenne de l'éther n'aura pas changé dans l'aimant; il sera différemment réparti; voilà tout.

A la rentrée, la ligne de force ne fournissant pas tout l'éther susceptible d'être aspiré par la molécule de fer, il y aura raréfaction au pôle correspondant.

La raréfaction au pôle négatif sera équivalente en quantité à la condensation au pôle positif. Si donc l'aimant considéré est un aimant temporaire, dès que la contrainte qui maintient l'orientation des molécules aura disparu, chaque molécule reprendra sa position première, et l'éther se répartira uniformément à la tension neutre originelle.

En réalité, un aimant est le siège de courants, et Ampère a prouvé, en 1824, qu'un aimant permanent équivaut à un système de courants électriques permanents.

Mais pourquoi Ampère, dans son explication des aimants, exige-t-il que chaque courant moléculaire reste confiné dans la molécule sans pouvoir passer de l'une à l'autre, tout simplement parce que chaque molécule doit conserver, même à plein aimant un pôle positif et un pôle négatif, condition indispensable pour pouvoir expliquer les aimants brisés.

Or la molécule-turbine remplit toujours cette condition; quelle que soit la densité de l'atmosphère où elle tourne, elle propulse par un pôle et raréfie par l'autre, la restriction apportée par Ampère est donc inutile, d'autant qu'elle fait obstacle à l'intelligence de plusieurs particularités des aimants, notamment l'augmentation de la puissance des pôles avec la longueur de l'aimant.

Poisson, qui admettait des fluides magnétiques spéciaux, avait aussi confiné ses fluides à chaque extrémité de la molécule, avec défense de la quitter. Sa préoccupation était la même que celle d'Ampère et par suite aussi inutile.

Plus l'aimant sera long, plus sera forte la compression en un pôle et la raréfaction à l'autre, c'est-à-dire plus ces pôles seront puissants, puisque chaque molécule en reprenant l'éther de la précédente, l'aura comprimé ou raréfié à son tour.

La conséquence de cette situation sera donc, en adoptant notre unique hypothèse, que, si l'on met en communication les deux pôles d'un aimant par un conducteur qui n'offre aucune résistance à l'éther, le courant pourra suivre son cours naturel, et c'est ce qui arrive en effet.

Lorsqu'on réunit les deux pôles d'un aimant en fer à cheval, forme la mieux adaptée en l'espèce, par un morceau de fer, il n'y a plus nulle part de positif, ni de négatif, plus de pôles, plus de lignes de force extérieures; le flux reste tout entier confiné dans l'aimant, et le système ainsi fermé n'offre plus aucune des manifestations d'un aimant; pour les lui rendre, il suffit d'enlever l'armature.

L'une des figures ci-contre montre quelques lignes de force un peu avant le contact de l'armature ; les lignes de l'aimant libre y sont déjà sensiblement déformées ; mais une partie est encore extériorisée.

Pour le même motif, un anneau de fer aimanté ne manifeste

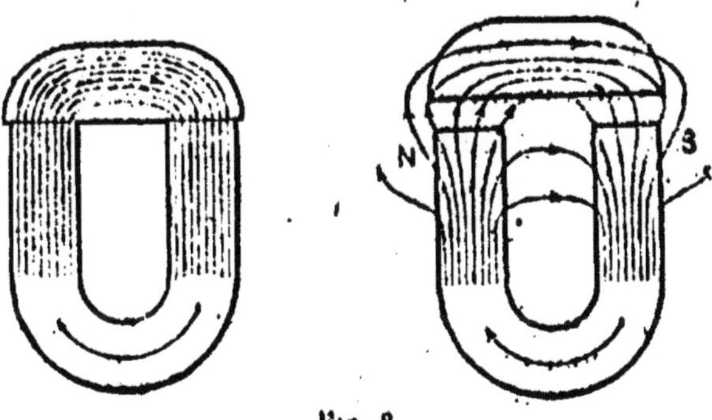

Fig. 8.

au dehors aucune ligne de force, parce que le courant s'y poursuit sans obstacle ; mais, si on coupe cet anneau en deux ou plusieurs morceaux, chaque fragment offrira deux pôles nettement caractérisés avec son cortège de lignes de forces.

La même explication rend compte des points *conséquents* que présentent parfois les aimants : lorsque, dans un barreau d'acier, on parvient à orienter les molécules en deux sens différents à partir des extrémités, on obtient des pôles de même nom à ces deux extrémités et un pôle unique de nom différent au milieu ou en un point quelconque de la longueur.

Une expérience très simple prouve bien que l'aimantation est due à une orientation moléculaire. Si sur une feuille de papier on dispose des limailles d'acier, lorsqu'on approche au dessous un pôle d'aimant, les limailles se redressent et même s'escaladent, preuve manifeste de leur orientation ; approchant ensuite l'autre pôle, les limailles se redressent encore ; mais en se retournant bout à bout, elles changent leur orientation.

La différence entre les aimants permanents et les aimants temporaires consiste en ce que, dans les premiers, les molécules une fois déviées conservent leur orientation ; tandis que, dans les secondes, elles reprennent leur position première, dès que l'influence vient à cesser ; c'est là une simple question d'élasticité et de liaison moléculaire ; mais si cette liaison moléculaire est détruite ou simplement appropriée, un fer doux peut parfaitement devenir aimant permanent. Et en voici deux exemples :

Si on remplit un tube de limaille de fer doux, et qu'on le soumette à l'action d'un aimant dans le sens de sa longueur, les limailles s'orientent bout à bout d'une façon visible et le tube agit à la manière d'un aimant, alors même que l'influence est éloignée ; les limailles restent en effet orientées, et il faut un coup sec pour détruire cette orientation et en même temps l'aimantation. C'est donc un simple arrangement de molécules qui fait qu'un corps est ou n'est pas un aimant ; aucune énergie étrangère n'est nécessaire, c'est la seule énergie contenue dans la rotation des molécules qui se manifeste.

Une autre expérience de Beetz conduit au même résultat : on enduit de cire un fil d'argent et on trace un trait longitudinal enlevant la cire ; en faisant déposer du fer sur ce trait par un moyen électrolytique, c'est-à-dire en orientant les molécules dans le sens de la longueur, les molécules se déposent toutes orientées, et on obtient un mince filet de fer aimanté au maximum.

On voit combien ces explications sont simples et compréhensibles ; en outre elles ne font intervenir qu'un fluide au lieu de deux que nécessitent les autres théories, y compris celle d'Ampère.

Dans un aimant très puissant, la tension est telle entre les deux pôles qu'en les réunissant et laissant un petit intervalle, Faraday a pu obtenir des étincelles, l'éther franchissant le vide, tout comme en électricité statique et dynamique et, de fait, les phénomènes sont identiques.

D'après ce qui précède, il n'y a plus aucune difficulté à concevoir pourquoi, lorsqu'on coupe un aimant, chaque fragment constitue à lui seul un aimant ; les molécules-turbines, en propulsant et aspirant, reconstituent de nouveaux pôles et un nouveau système de lignes de force ; à la limite, une simple molécule peut être considérée comme un aimant.

Nous avons supposé l'éther compressible ; mais, pour ce qui concerne les aimants, l'explication s'applique aussi bien à un fluide incompressible. Supposons, en effet, que notre barreau soit un récipient étanche rempli d'eau, les turbines agissant à l'intérieur ne comprimeront pas l'eau assurément, mais elle lui donneront un surcroît de pression dans un sens, et une diminution dans l'autre. C'est d'ailleurs dans l'eau que nous avons réalisé nos expériences des champs magnétiques.

REPRODUCTION HYDRAULIQUE DES CHAMPS MAGNÉTIQUES

Puisqu'un aimant peut être réduit à une molécule unique, nous opérerons avec une petite turbine.

Dans nos expériences, montées très sommairement, cette turbine était en forme d'aile de moulin à vent à quatre bras ; elle avait 5 centimètres de diamètre. Lorsque nous avons utilisé deux turbines, elles étaient distantes de 7 centimètres ; ces turbines tournaient dans un baquet de 0^m,43 de diamètre, elles étaient recouvertes d'une couche d'eau de 0^m,03 environ, la rotation était de 200 tours à la minute, et pour mieux apercevoir les mouvements du liquide, la surface en était saupoudrée de sciure de bois.

Ce sont là les conditions mêmes dans lesquelles on obtient les fantômes magnétiques : une feuille de papier horizontale recouvre les aimants et on la saupoudre de limaille de fer.

Champ produit par un aimant droit. — Nous opérerons ici avec une seule molécule, c'est-à-dire avec une seule hélice et, une fois pour toutes, nous désignerons le côté propulsant par le signe + et le côté aspirant par le signe —.

L'hélice tournant, on voit deux courants symétriques se propulser à droite et à gauche en tourbillonnant et rentrer par le pôle aspirant opposé en filets absolument semblables à ceux propulsés.

Les filets liquides représentent les lignes de force ; ils sont propulsés sur la moitié de leur parcours et aspirés sur l'autre moitié, la ligne neutre passant par le plan de l'hélice ; c'est le fantôme exact produit par un aimant droit ; la seule différence

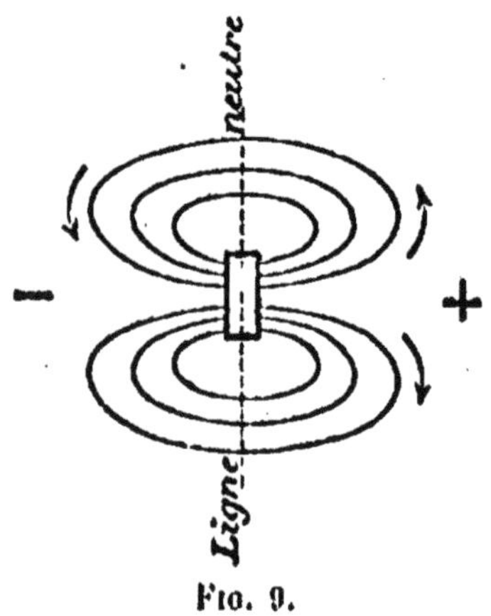

Fig. 9.

est que, dans un aimant, si l'éther tourbillonne bien comme l'eau, il n'entraîne pas les molécules d'air qu'il se contente d'orienter ; une fois l'alignement obtenu, ces molécules d'air tournent pour leur propre compte, comme celles du fer, et entretiennent les lignes tourbillonnaires dont elles font partie, avec la moindre dépense d'énergie possible.

On s'étonne parfois que les lignes magnétiques qui entourent

un aimant n'opposent aucune résistance aux corps qui les traversent, c'est que les molécules d'air n'y sont pas plus nombreuses que dans l'air ambiant, et elles n'y sont pas animées de mouvements plus considérables; sont seuls influencés
les corps dont les molécules sont susceptibles de s'orienter dans
le champ magnétique.

**Champ produit par deux aimants droits opposés par
leurs pôles de même nom.** — S'il s'agit des pôles négatifs,
on voit les courants s'aplatir pour rentrer et exercer par suite
l'un sur l'autre une pression manifeste qui tend à les écarter.

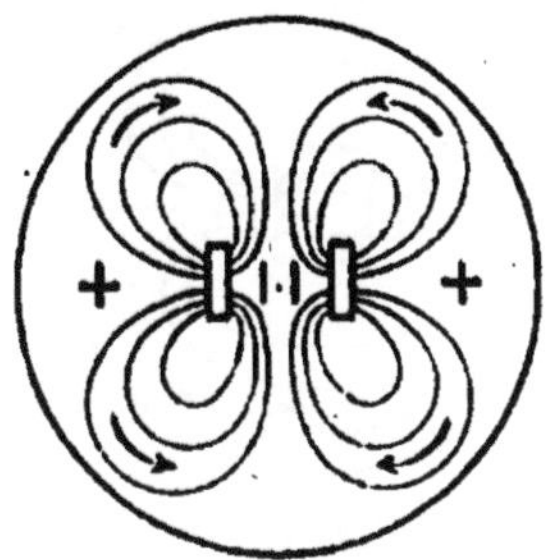

Fig. 10.

Si, au lieu   des négatifs, c'étaient les pôles positifs qui
fussent en présence, les courants seraient absolument les
mêmes, les fi' 's se contrarieraient seulement à la sortie, au lieu
que ce fût à l'entrée; cette expérience a aussi été réalisée.

Champ produit par un aimant en fer à cheval. — Ici les

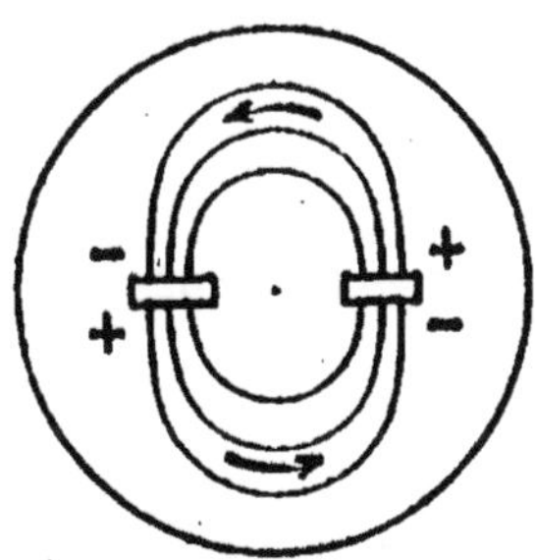

Fig. 11.

turbines sont côte à côte, mais faces opposées. On voit le courant de l'une être absorbé par l'autre, et de celle-ci repasser à

la première; la partie inférieure représente le circuit dans l'aimant en fer à cheval.

Champ produit par deux aimants se faisant face par leurs pôles opposés. — L'eau propulsée par une turbine est aspirée par l'autre, puis le courant se referme à droite et à gauche par derrière, comme si l'ensemble des deux turbines n'en formait qu'une seule.

Tous ces fantômes hydrauliques sont la reproduction exacte

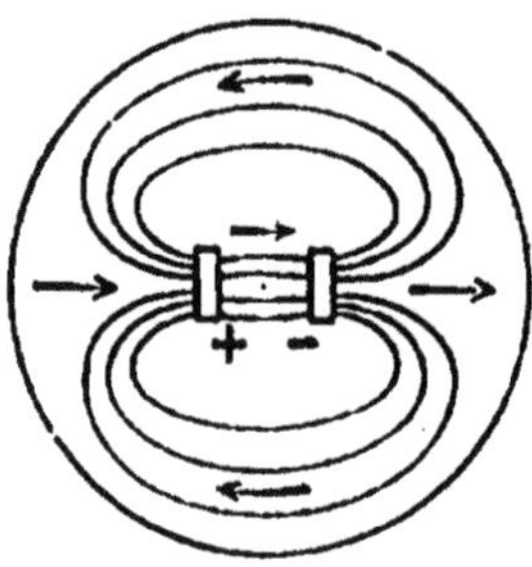

Fio. 12.

des fantômes magnétiques, et on pourrait en varier la combinaison sans que jamais cette ressemblance se trouvât en défaut.

Ce dernier cas mérite qu'on s'y arrête, car, si la nécessité des répulsions apparaît évidente par le seul aspect des fantômes qui se produisent entre pôles de même nom, la nécessité d'une attraction ne s'impose pas dans le cas de pôles de noms contraires opposés.

ATTRACTION MAGNÉTIQUE

Deux pôles magnétiques de noms contraires s'attirent, mais pourquoi?

Deux cas sont à considérer: ou l'une des turbines propulse plus que l'autre n'aspire, et il y aura répulsion, ou bien la turbine négative aspire plus d'eau que n'en propulse la positive, auquel cas il y aura succion ou attraction ; or c'est le cas dans les aimants ; ce n'est pas que le pôle positif ne propulse l'éther abondamment, mais les lignes de force n'absorbent pas tout cet éther ; elles en fournissent peu et bien moins que n'en aspire le négatif ; par suite il y a aspiration, attraction.

Les lignes de force sont des sortes de pseudopodes, des suçoirs qui sont préalablement lancés d'un pôle à l'autre, et c'est à l'aide de ces suçoirs que s'effectue la succion.

La condition nécessaire et suffisante pour que deux pôles de noms contraires s'attirent, c'est donc que le milieu qui les sépare soit moins magnétique que l'aimant.

Si, au contraire, la ligne de force propulsait plus que ne peut aspirer le négatif, il y aurait répulsion, et c'est le cas des métaux diamagnétiques, une conséquence de notre théorie ; **c'est donc qu'un corps diamagnétique est moins magnétique que l'air.** Cette opinion est celle d'Edmond Becquerel. Mais insistons davantage sur cette attraction et réduisons la question à deux molécules opposées, l'une propulsant, l'autre aspirant, réunies par un tuyau flexible ; la molécule B aspire

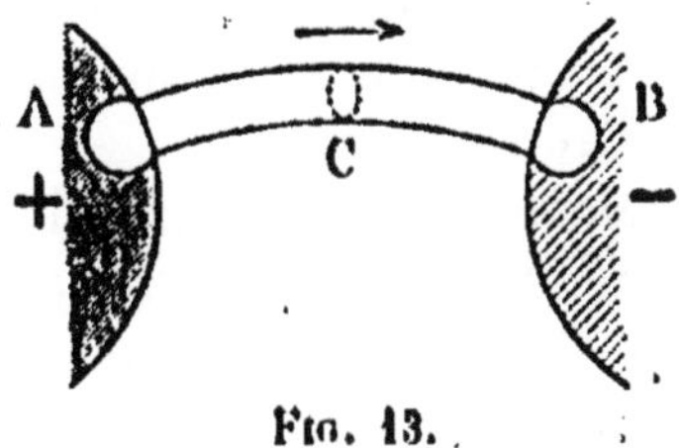

Fig. 13.

beaucoup, le tuyau fournit peu ; il y a forcément aspiration, A est attiré vers B et le tuyau ou ligne de force tend au raccourcissement, ce qui est la caractéristique des lignes de force.

Si, au contraire, la molécule B aspire moins que ne fournit le tuyau, il y a répulsion : c'est le cas du bismuth vis-à-vis du fer, est-il nécessaire d'avoir recours à l'expérience, et le résultat n'est-il pas évident ?

La qualité magnétique ou diamagnétique n'est donc que relative au milieu ambiant qui forme la ligne de force ; un exemple frappant de l'influence de ce milieu nous est offert par les corps soumis à la pesanteur, et il ne s'agit pas ici d'une comparaison lointaine, mais d'une ressemblance absolue.

Un ballon rempli d'air chaud s'élève dans l'air ; le même ballon rempli d'air refroidi retombe ; l'un est attiré vers la terre, l'autre semble repoussé, la raison de ces deux manières d'être en apparence contradictoires est que l'un des corps est plus lourd et l'autre plus léger que l'air ambiant, c'est pour le même motif qu'un corps magnétique est plus magnétique que l'air et est attiré par l'aimant, tandis qu'un corps dia-magnétique est moins magnétique que l'air et se trouve repoussé.

PROPRIÉTÉ ROTATOIRE DE L'AIMANT

Le flux produit par un aimant peut être assimilé à une gerbe d'éther qui sort par un pôle en s'épanouissant en tous sens et rentre de même par l'autre pôle.

En réalité, le phénomène n'est pas aussi simple : « *Le magné-* « *tisme*, dit Lodge, *participe d'un mouvement de rotation, et par* « *sa nature il permet d'obtenir naturellement et facilement des* « *effets de rotation en disposant convenablement les choses.* »

Ainsi, lorsqu'on fait parcourir un ruban métallique vertical par un courant, si on approche un aimant droit, le ruban vient s'enrouler autour de lui en spirale ; notre turbine expérimentale va nous donner encore la clef de cette qualité rotatoire et démontrer qu'elle est fatale et obligée.

Considérons attentivement notre turbine en rotation dans l'eau, placée verticalement et de façon à n'être recouverte que d'une faible couche de liquide. Le flux vertical produit soulève la surface de l'eau, mais au lieu que les filets s'écoulent suivant les méridiens, ils prennent un mouvement de rotation, et chaque filet s'écoule en tourbillonnant ; en un mot, la ligne de force magnétique est la résultante de deux mouvements, un mouvement de progression suivant un méridien et un mouvement de rotation autour de l'axe.

Ce mouvement de rotation n'est autre d'ailleurs que le

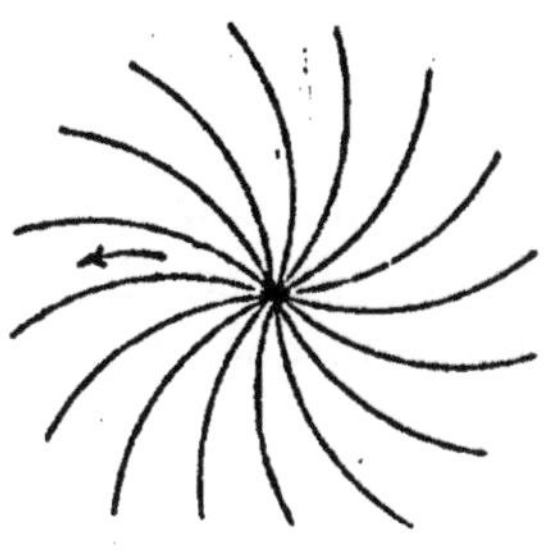

Fig. 14.

champ circulaire dit électro-magnétique, qui existe autour d'un fil siège d'un courant.

Colardeau a mis en évidence le champ circulaire normal aux lignes de force magnétiques ordinaires (*Journal de Physique*, 2e série, t. VI, p. 835).

En employant des poudres moyennement magnétiques, telles que celles de fer oligiste cristallisé, et celles de divers oxydes de cobalt et de nickel en suspension dans l'eau, Colardeau a réussi à produire un spectre dont les lignes de force équipotentielles étaient normales aux lignes de force magnétique révélées par la limaille de fer.

Les aimants ne sont autre chose que des barreaux de fer où les molécules ont été orientées, mais en conservant leur rotation normale de constitution. Dans les électro-aimants, cette vitesse a été artificiellement augmentée.

Les molécules d'un barreau d'acier, lorsqu'elles ont été orientées, conservent leur orientation ; celles du fer doux reviennent à leur position première dès que l'influence a cessé ; enfin celles du cuivre exigent, pour s'orienter, l'adjonction d'une énergie étrangère.

INDUCTION MAGNÉTIQUE

Lorsque le flux ou courant rejeté par une molécule de fer vient à rencontrer sur sa route une autre molécule de fer ; comme cette molécule est délicatement suspendue ou plutôt isolée en tous sens, il l'oriente dans sa direction.

Nous verrons un peu plus loin combien cette orientation est facilement obtenue et reproduite au moyen de ventilateurs.

Donc la ligne de force d'un aimant influent orientera sur son parcours une molécule de fer rencontrée, et comme cette molécule est déjà pourvue de rotation, l'ensemble des molécules ainsi orientées produira un aimant.

Le même résultat est obtenu, quel que soit le pôle influent employé et que la ligne de force soit aspirante ou refoulante.

Puisqu'un tourbillon d'éther est capable d'orienter une molécule et même de la soulever comme nous l'avons déjà vu, c'est que l'éther est doué d'inertie.

Cette question des aimants, expliqués par la constitution de la matière, a été plus amplement traitée, mais sans expérience à l'appui, dans deux ouvrages édités chez F. Alcan, *Genèse de la matière et de l'énergie* et *Cause des énergies attractives*.

REPRODUCTION PAR VENTILATEURS DES PHÉNOMÈNES D'ORIENTATION ET D'INFLUENCE

Nous avons reproduit par les mouvements d'une turbine dans l'eau tous les fantômes magnétiques, mais nous avons laissé dans l'ombre les phénomènes d'influence et d'orientation.

Nous pouvons obtenir ces derniers à l'aide de ventilateurs auto-mécaniques que l'on trouve dans le commerce ; ces ventilateurs, mus par un ressort d'horlogerie, peuvent marcher pendant quinze à vingt minutes environ.

Un point important pour obtenir des orientations est de réaliser des suspensions très sensibles, car le ventilateur, qui est

Fig. 15.

peu énergique, doit pourvoir non seulement à l'orientation d'une autre turbine, mais à celle de son propre support, dont le poids est de un kilogramme environ ; pour arriver à ce résultat, nous avons suspendu l'appareil à un point fixe au moyen d'une mince ficelle.

Dans le but de simplifier nos dessins et de les rendre plus intelligibles, nous réduirons le support du ventilateur à sa plus simple expression.

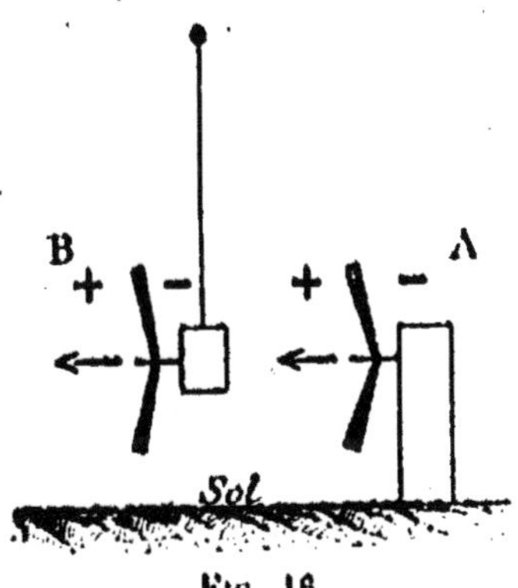

Fig. 16.

En face d'un ventilateur B suspendu comme ci-dessous et

rasant le sol, plaçons à la même hauteur un deuxième ventilateur A, posé fixement sur son pied, puis mettons les ventilateurs en mouvement ; on reconnaît que le ventilateur mobile vient se placer parallèlement au premier, pôle aspirant ou négatif contre pôle refoulant ou positif. C'est là tout simplement l'explication et la reproduction des influences magnétiques et électriques ; la ligne de force tourbillonnaire émanée de A va orienter la molécule B en accord de forme et de rotation avec elle.

En retournant le ventilateur A, le ventilateur B se retourne également, et l'influence a lieu par aspiration.

Si donc le corps A est un aimant où toutes les molécules sont orientées dans la direction de B, ces molécules-turbines orienteront par le moyen de leurs flux ou lignes de force les molécules superficielles d'un morceau de fer B, et ces dernières orienteront à leur tour par le même moyen les molécules de l'intérieur. Le morceau de fer B sera ainsi transformé en aimant.

Par cette genèse, l'aimant B aura naturellement son pôle négatif en face du pôle positif de A.

L'influence ne saurait, pensons-nous, être démontrée ni expérimentée plus simplement.

Si les deux ventilateurs A et B étant suspendus, les propulsions se produisent dans le même sens, il y a répulsion ; il en est de même s'il s'agit des aspirations ; pour ce qui est des attractions, elles ne sauraient avoir lieu que si les ventilateurs sont orientés dans le même sens, l'un d'eux aspirant l'air propulsé par l'autre ; mais nous avons expliqué plus haut que l'attraction ne peut se produire que si l'un des ventilateurs propulse moins que l'autre n'aspire et, si le premier ne propulsait pas du tout, il serait aspiré au maximum, cela est d'ailleurs évident, un ruban léger placé devant un tube aspirant est manifestement attiré.

Nous pouvons encore reproduire, au moyen des ventilateurs, une expérience faite avec des aimants. Deux aimants droits suspendus en des points fixes O, O' au moyen de fils viennent

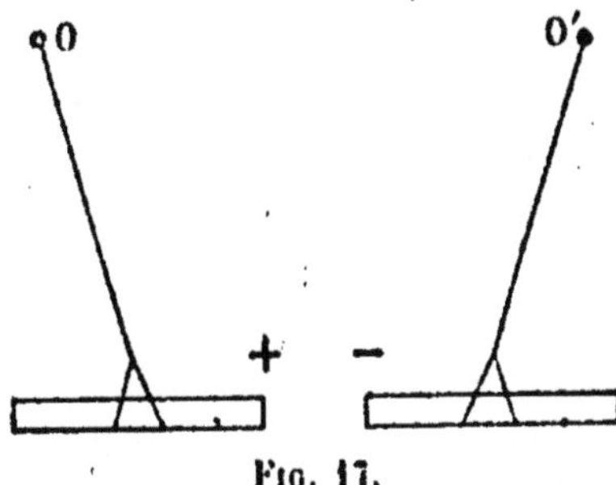

Fig. 17.

se mettre en ligne droite en s'attirant, pôle $+$ contre pôle $-$, cette expérience réussit facilement avec deux ventilateurs suspendus ; les axes se mettent en ligne, et le côté aspirant de l'un se met en regard du côté propulsant de l'autre.

REPRODUCTION MÉCANIQUE D'UN AIMANT

Nous pouvons aisément construire un aimant par des procédés mécaniques, et cet aimant jouira de toutes les propriétés de l'aimant naturel ; cette expérience est même de nature à tenter l'ingéniosité d'un constructeur passionné pour les choses de la science.

Soit un tuyau fermé à ses deux extrémités, et dont toutes

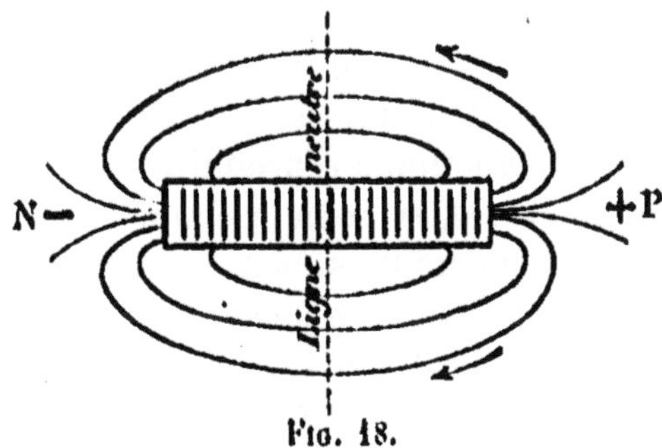

Fig. 18.

les parois sont peu perméables à l'air, en toile métallique serrée, par exemple. Dans ce tuyau, plaçons une série de turbines orientées dans la longeur et tournant automatiquement, comme celles que nous avons déjà expérimentées.

Que se passera-t-il dans un pareil tuyau : d'un côté, l'air sera refoulé, mais la paroi étant peu perméable ne livrera passage à l'air que lorsqu'il aura été comprimé; en N par contre il y aura raréfaction; l'air rentrera bien, mais péniblement : donc en P, compression, en N raréfaction, et au milieu, tension neutre, c'est-à-dire la tension primitive ou celle de l'air ambiant.

C'est l'air expulsé en P qui rentrera en N, si l'air ambiant est absolument calme : en effet, l'air propulsé et aspiré est désormais différencié de l'air ambiant; il a la forme d'un tourbillon, et un tourbillon une fois né conserve son individualité dans le milieu où il se meut.

Cet air constitue donc une véritable ligne de force, et, propulsé sur la moitié de son parcours, il est aspiré sur l'autre moitié avec, au milieu, tension neutre qui coïncide avec celle de l'aimant.

Un pareil aimant artificiel attirera ou repoussera un autre aimant construit de semblable façon, suivant les pôles en présence, et pourvu que les flux se pénètrent. Il orientera par son souffle les turbines d'un autre tuyau suffisamment rapproché, à la condition qu'elles soient délicatement suspendues et déjà pourvues de mouvements de rotation; le tuyau neutre ainsi influencé sera à son tour transformé en aimant, et le sens de son aimantation différera, suivant que l'orientation aura été produite par le pôle propulsant ou positif, ou le pôle aspirant ou négatif.

Comme dans l'aimant, le flux sera non seulement propulsé, mais tordu dans le sens transversal; en un mot, nous pourrons avec cet aimant pneumatique reproduire toutes les particularités d'un aimant : ainsi, si nous le coupons en deux, chaque moitié représentera encore un aimant complet.

Nous obtiendrons même, comme nous le montrerons en traitant des champs électromagnétiques, l'orientation de notre aimant artificiel par rapport à un courant artificiel que nous réaliserons également; nous obtiendrons même son orientation par rapport à un corps tournant représentatif de la terre. Les champs tournants et propulsants produits dans l'air par des corps en rotation sont absolument les mêmes que ceux produits dans l'éther par la rotation de molécules.

MAGNÉTISME TERRESTRE ET GYROSCOPE

Une chose troublante par dessus tout est la faculté d'orientation de l'aimant suivant l'axe terrestre; cette orientation est purement directrice; en voici d'après nous l'explication.

On connaît le gyroscope de Foucault : un anneau en métal tourne rapidement autour de son axe, et cet axe est délicatement suspendu de façon à pouvoir s'orienter en tous sens sous la moindre influence; or l'axe du gyroscope s'oriente suivant l'axe de la terre; la démonstration théorique de ce mouvement a été faite, elle est une application du théorème de *Coriolis sur la composition des accélérations;* c'est une simple orientation mécanique.

Or les molécules du fer sont dans les conditions du gyroscope; elles tournent rapidement, et leur axe peut s'orienter facilement en tous sens; c'est pourquoi, lorsqu'on suspend une barre de fer dans un atelier, cette barre finit par s'aimanter, et si on la place dans la direction de la ligne des pôles, elle s'aimante au maximum, parce que toutes les molécules gyroscopes s'orientent suivant l'axe terrestre.

Il est difficile de comprendre comment le tore d'un gyroscope peut s'orienter suivant l'équateur terrestre; on a beau nous dire que c'est la conséquence d'un théorème, un théorème ne frappe pas l'esprit, il pose des équations au départ, exécute une série de calculs savants et aboutit à une formule dernière; l'esprit du calculateur est resté enfermé dans un tunnel, il a vu comment il était entré, comment il était sorti, mais n'a rien aperçu dans le parcours, et encore parlons-nous de personnes capables d'interpréter un calcul.

Nous pouvons fournir du gyroscope une explication qui, sans rien emprunter à la science transcendante, aura selon nous le mérite de rester sans cesse accessible à l'esprit.

Ce qui complique le problème, c'est que nous n'avons pas conscience du mouvement de la terre, et c'est ce défaut de conscience qui a obscurci pendant de si longs siècles la connaissance des mouvements célestes, en nous faisant croire à l'immobilité de la terre.

C'est encore ce défaut de conscience qui fait que le pendule de Foucault, cependant plus simple que le gyroscope, reste pour nous mystérieux ; si nous pouvions voir tourner la terre, et le pendule osciller dans un plan fixe, le mécanisme de l'orientation nous apparaîtrait évident.

Explication du gyroscope de Foucault. — Soit une roue de charron lancée sur un plan horizontal; par derrière souffle

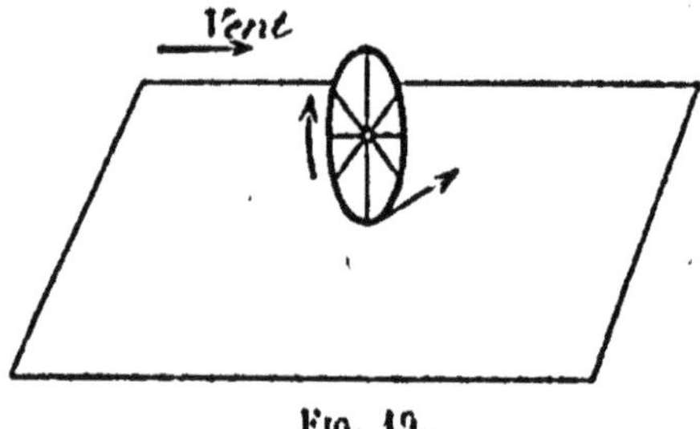

FIG. 19.

un grand vent; ce vent remplace le mouvement de rotation de la terre tout en le rendant sensible.

Rien dans les conditions du problème n'est changé par cette substitution, puisque la roue peut prendre toutes les orientations utiles.

Sous cette forme, qui ne voit que la roue finira par se mettre dans la direction du vent; cela d'ailleurs peut se démontrer par une simple composition de vitesses ; la direction du vent se compose en effet avec celle de la roue suivant une résultante ; cette résultante se compose à nouveau avec la direction du vent qui n'a pas varié, la nouvelle résultante se rapprochera par conséquent de cette direction jusqu'à ce que, de proche en proche, elle finisse par coïncider avec elle, le vent, c'est-à-dire le mouvement de la terre, ne variant pas.

Et l'on conçoit pourquoi il est nécessaire que nous ayons affaire à un corps tournant rapidement; la roue de charron, lorsqu'elle est lancée avec une vitesse insuffisante, oscille à droite et à gauche; chaque point, au moment où il va tomber à droite, passe à gauche, et n'ayant pas le temps nécessaire pour tomber ni à droite ni à gauche, la roue se maintient et s'avance en titubant, autant tout au moins que sa vitesse se maintient à un certain degré. Une fois tombée, c'est-à-dire lorsqu'elle est dépourvue de mouvement, la roue n'obéit plus qu'à la pesanteur.

Donc une certaine vitesse de rotation est nécessaire pour détruire les effets de la pesanteur.

Remplaçons dans notre expérience la roue de charron par le tore de Foucault, susceptible de s'orienter en tous sens; ce tore se mettra dans la direction du vent.

Allons plus loin, et plaçons directement notre gyroscope sur un point quelconque Q de la surface de la terre, ce point décrit un cercle OQ autour de l'axe terrestre. Supposons la terre

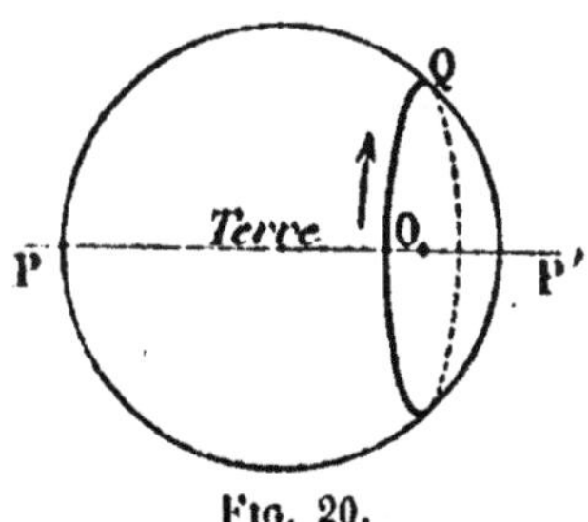

Fig. 20.

immobile, et son mouvement de rotation remplacé par un vent ou une vitesse soufflant dans le même sens; ce vent orientera le tore dans son sens, c'est-à-dire dans le plan du cercle OQ; par suite, l'axe du gyroscope se placera suivant l'axe de la terre.

En traitant des champs électro-magnétiques, nous reparlerons du gyroscope et de l'orientation de l'aiguille aimantée.

Orientations diverses. — Il n'y a pas que le fer qui puisse s'aimanter, tous les corps sont magnétiques, le fer est tout simplement au sommet de l'échelle. Certains corps même sont susceptibles de s'aimanter sous l'influence du magnétisme terrestre. MM. Pierre David et Brunhes ont reconnu tout récemment que les roches volcaniques sont dans ce cas, et ils supposent que l'orientation moléculaire date de l'époque où la roche s'est solidifiée, la molécule se trouvant alors plus mobile.

L'aimantation dans un corps peut être provoquée dans n'importe quelle direction ; elle peut même, dans un ruban d'acier, être produite transversalement, la seule condition pour que

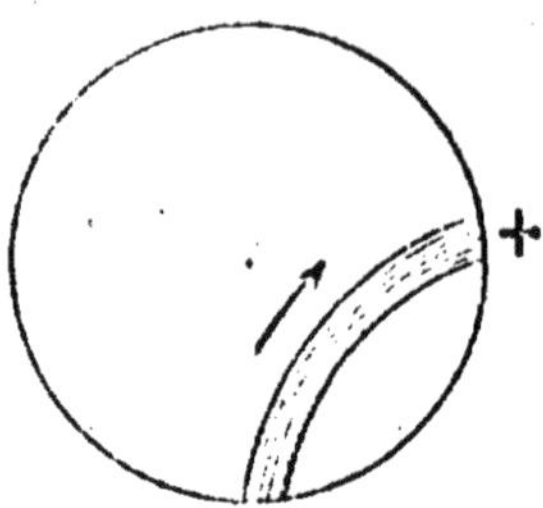

Fig. 21.

le magnétisme se manifeste, c'est que les files d'alignement prennent naissance à la périphérie et se terminent à la périphérie.

Si la chaîne était fermée à l'intérieur, rien ne se manifesterait ; cette condition ne peut-elle se produire ailleurs que dans le fer ? et ne serait-ce pas là la cause de la radio-activité ? chez certains corps, les molécules ne pourraient-elles s'orienter dans une direction quelconque et sous une cause quelconque, l'influence de la rotation de la terre, par exemple ?

Ce qui donnerait à cette explication quelque vraisemblance, c'est que l'on a reconnu dans les radiations du radium des rayons positifs et des rayons négatifs s'infléchissant dans des sens différents, une sorte de flux sortant et une sorte de flux rentrant, ce qui expliquerait la continuité de la radiation sans épuisement du sujet.

COMPARAISON D'UN AIMANT AVEC UN ÊTRE VIVANT

C'est la seule molécule solide, fortement assise, qui aspire et propulse, et cette manière d'être nous inspire une réflexion : cette molécule paraît être une sorte d'être vivant, elle ressemble à un cœur qui sans cesse aspire et propluse le même fluide ; cette molécule est douée de mouvement ; elle possède par ses pôles des qualités attractives et répulsives, elle a des préférences et des répulsions.

La cellule organisée est formée d'un noyau entouré d'un prostoplasma formé aux dépens des matériaux environnants, et ce noyau est la partie vraiment essentielle de la cellule, celle qui seule constitue la vie. Qu'on enlève au noyau son protoplasma et le noyau s'en recréera un nouveau ; de même la molécule de fer est formée d'un noyau qui s'est lui-même entouré d'une sorte de protoplasma pris dans le milieu ambiant et qu'il a fait sien en lui communiquant son propre mouvement.

La science de nos jours est convaincue d'une évolution lente de la matière ; un monde solaire a d'abord été matière cosmique d'une ténuité infinie, puis masse gazeuse qui est devenue liquide et enfin solide. Ce dernier état paraît être le terme de la matière inerte ou plutôt minérale ; c'est l'état le plus parfait, le plus différencié, celui-là seul ou la molécule jouit des caractères que nous venons de décrire.

Après la matière solide, il y a un hiatus énorme. Nous voyons bien débuter la matière vivante ; on la saisit jusque dans le protozoaire, simple cellule qui constitue à elle seule un être indépendant et chez lequel la vie est limitée à des mouvements obscurs purement mécaniques, comme l'a démontré Le Dantec ; mais entre cette cellule vivante et la matière minérale que l'on qualifie d'inerte, il y a un abîme que nul n'a pu sonder.

Le précurseur de la cellule, le pont entre la matière minérale et la matière animée, ne serait-il pas tout simplement la molécule solide ?

Arrêtons-nous un instant sur cette molécule, et sur celle du fer en particulier : considérons un aimant, il s'entoure d'un protoplasma d'éther sans cesse en mouvement ; si à cet aimant nous enlevons une molécule, nous aurons un petit aimant véritablement fils du premier et lui ressemblant en tous points, sauf pour la taille ; une molécule de nickel se comportera différemment ; en un mot chaque espèce d'aimant se donnera une descendance semblable à lui-même.

Que dans le protoplasma ou flux de l'aimant vienne à pénétrer une particule de fer, elle sera happée avec avidité, et, si le morceau est trop lourd, c'est l'aimant lui-même qui se transportera vers lui, donnant l'image du mouvement voulu en vue d'aller quérir sa nourriture ; si, au lieu d'une particule de fer, nous avions affaire à un fragment de nickel, la préhension serait moins énergique ; enfin l'aimant repousserait un morceau de bismuth, semblant ainsi faire preuve de spontanéité et de conscience dans le choix de ses aliments.

L'aimant se nourrira donc et s'accroîtra à la seule condition d'être plongé dans un milieu nutritif ; mais il y a plus : l'aimant s'assimile sa nourriture, le fer qu'il a attiré était quelconque ; mais l'aimant a orienté les molécules de ce fer à son image ; il en a fait un aimant, et d'une molécule minérale il a fait une vraie molécule vivante, tout comme un organisme fait d'une parcelle de nourriture une cellule pourvue de vie.

A la longue un aimant permanent perd ses propriétés, et c'est là sa mort naturelle ; mais une température élevée les lui fait perdre également, et il meurt alors de mort violente. Un corps vivant sommeille, et c'est pour lui un moyen de réparer ses forces ; périodiquement, il ferme toutes communications avec l'extérieur, l'œil ferme ses volets, l'oreille n'entend plus, la périphérie du corps reste insensible aux impressions du dehors, les cellules du cerveau ne s'orientent plus, aucune ligne de force ne s'échappe au dehors, le corps est fermé sur lui-même, il sommeille ; mais n'avons-nous pas vu qu'un aimant dont les pôles sont réunis n'émet pas non plus de lignes de force à l'extérieur ? Il est inactif, son circuit reste intérieur, il dort, et c'est pour lui aussi la condition de la conservation de son énergie.

Ce n'est pas tout : l'aimant fait preuve de *mémoire*. Lorsqu'on aimante un morceau de fer doux, dès que l'influence a cessé, les molécules reprennent leur position première, sauf cependant que quelques molécules conservent l'orientation antérieurement acquise, le fer garde des traces de magnétisme dit rémanent ; il est apte à exécuter certains des actes qu'il remplissait lorsqu'il était aimant. N'est-ce pas là de la mémoire ; rémanence, réminiscence, cette similitude de mots ne cache-t-elle pas une similitude de choses? Quant à nous, nous sommes intimement convaincus que, dans le cerveau pensant, la mémoire est due à une véritable rémanence, certaines cellules ayant conservé l'orientation autrefois reçue.

Donc l'aimant naît, croit, se meut, se reproduit, assimile, attire ce qui lui convient et repousse ce qui lui déplaît ; il se souvient, dort et enfin meurt de mort violente ou naturelle.

Une molécule seule d'un corps quelconque est capable de produire ces mêmes effets ; mais, vu leur petitesse, ces effets ne sont pas perceptibles, ce qui, dans l'aimant, permet de les saisir c'est la faculté qu'ont les molécules de fer de rester orientées systématiquement, de telle façon que leurs effets s'ajoutent et acquièrent leur maximum d'intensité aux extrémités du barreau aimanté ou on peut les recueillir.

Thalès, qui vivait 2.500 ans avant nous, était tellement émerveillé des propriétés de l'aimant qu'il lui attribuait une âme.

Les représentants les plus rudimentaires de la vie animale, une gromie, une monère, offrent-ils des manifestations vitales plus nombreuses et plus caractérisées que celles que nous avons rencontrées dans l'aimant, et n'est-on pas dès lors fondé à croire que les manifestations vitales sont purement mécaniques?

Lorsqu'un rhizopode se dirige vers un point de préférence à un autre, c'est que ce point constitue pour lui un centre d'attraction fatal.

Cette pseudo-intelligence des êtres inférieurs et même une partie des mouvements des êtres supérieurs est qualifiée d'instinct. Les mouvements instinctifs se produisent en dehors de toute spontanéité ; ils sont la résultante obligée, inévitable, de certaines causes mécaniques ; tous les mouvements des êtres monocellulaires sont de ce genre ; en quoi dès lors diffèrent-ils des mouvements de l'aimant.

On peut donc conclure que la matière vivante est, par évolution naturelle, fille de la matière minérale et que tous ses processus sont mécaniques.

Ce qui fait si grande la distance entre la matière animée et le reste du monde, c'est que tout de suite on se reporte aux animaux supérieurs, qui ont été modifiés par une longue évolution ; or ce n'est pas ainsi qu'on doit logiquement procéder, il faut considérer la cellule vivante isolée la plus rudimentaire et la mettre en regard de la molécule qui a subi l'évolution la plus complète : à savoir la molécule solide et, parmi ces dernières, la molécule la plus parfaite au point de vue des facultés magnétiques, la molécule de fer.

Ainsi considéré, le problème peut être abordé, et il est en faveur de l'évolution de la matière, poursuivie sans interruption.

La molécule est incontestablement pourvue de vie, puisqu'elle est agitée de mouvements incessants, mais, étant donnée sa petitesse, on ne peut apercevoir ses mouvements ; ils sont cependant saisissables en un cas. C'est dans ce qu'on appelle les *mouvements Browniens*.

Mouvements Browniens. — De fines poussières de trois à quatre millièmes de millimètre répandues dans un liquide y produisent une agitation visible sous un grossissement de 300 diamètres ; ces mouvements, qui ont toute l'apparence de ceux de la vie, s'étendent dans une zone de quatre ou cinq diamètres autour de chaque poussière ; d'après nous, ils ne peuvent provenir que de la rotation au sein de l'eau des molécules qui constituent la poussière ; c'est en tous cas l'explication la plus rationnelle, lorsqu'on ne perd pas de vue les conditions de constitution de la matière.

En ne tenant aucun compte de cette constitution, voici comment M. H. Poincaré explique les mouvements Browniens ; de grosses particules solides noyées dans un liquide sont, dit-il, frappées également en tous sens par les molécules de ce liquide ; elles ne bougent donc pas ; mais, si les particules sont petites comme les poussières de Brown, les collisions ne s'équilibrent pas et les poussières sont animées de mouvement[1].

Les mouvements browniens rapprochent incontestablement, à nos yeux, la molécule minérale de la cellule vivante ; mais il y a plus : dans certains cas, la molécule joue absolument le rôle de la cellule.

On sait que les fermentations sont dues à des organismes

1. *Revue des idées*, 15 novembre 1904.

microscopiques; c'est un microbe, le *mycoderma aceti* qui transforme l'alcool en vinaigre; mais cette transformation s'opère aussi par le moyen de simples poussières de platine répandues dans l'alcool, et la même poussière peut produire indéfiniment du vinaigre; la molécule du métal se comporte comme la cellule vivante.

La même poudre de platine est encore susceptible de provoquer la combinaison de l'oxygène et de l'hydrogène, ce qui laisse supposer que l'affinité chimique est due à de simples mouvements moléculaires.

Lorsqu'on compare un corps minéral à un être vivant, on prend généralement le cas des cristaux et, en effet, au point de vue de la reproduction, de la nutrition et de la persistance de la forme pour chaque espèce, la ressemblance est frappante, mais elle l'est surtout avec les végétaux. Pour ce qui est des mouvements et de la pseudo-conscience, apanages de la vie, ils sont absents.

COURANTS ÉLECTRIQUES

TROISIÈME PARTIE

COURANTS ÉLECTRIQUES

EXPLICATION DES COURANTS

Le courant électrique type se meut en un circuit ininterrompu à la manière d'un circuit hydraulique ou pneumatique ; mais ici le tuyau est remplacé par un fil métallique ; l'éther pour circuler a en effet besoin de matière, et le vide est pour lui un obstacle presque absolu ; nous en verrons plus loin la raison.

Nous devons tout d'abord indiquer que, dans un courant continu quelconque, c'est le même éther ou la même électricité qui circule dans le fil ; Wheatstone a depuis longtemps reconnu ce fait. Un électromoteur quelconque ne fait donc que mettre en mouvement l'électricité contenue dans le fil conducteur.

« Dire qu'une dynamo, dit Janet (*Premiers principes d'élec-* « *tricité industrielle*), produit de l'électricité, c'est commettre « une erreur aussi grave que si on disait qu'une pompe pro- « duit de l'eau ; le rôle essentiel d'un générateur est d'élever « l'électricité à un certain potentiel. »

Soit donc un fil métallique formant circuit continu et, en un point A, une cause quelconque d'orientation des molécules, pile, dynamo, etc.

En A, les molécules sont orientées et maintenues dans leur orientation par la force électromotrice ; or, comme, de par la constitution de la matière, elles sont naturellement pourvues de

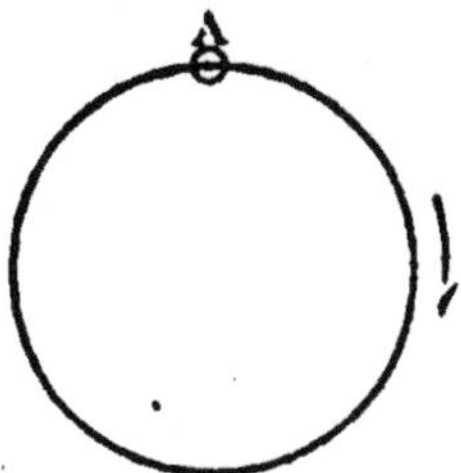

Fig. 22.

rotations rapides et que, d'autre part, elles sont de par notre hypothèse de forme propulsive, elles propulseront l'éther ; en accroissant artificiellement les rotations, la propulsion s'accentuera, et le courant deviendra plus rapide.

Cette manière de comprendre les courants en explique toute les particularités ; nous l'avons exposée dès l'année 1900, avec moins de précision, il est vrai, qu'aujourd'hui, et nous l'avons retrouvée exposée fortuitement sans doute, dans un ouvrage tout récent de M. Lebois sur *l'Électricité industrielle.*

Dès à présent nous pouvons assimiler un électromoteur de quelque nature qu'il soit, pile ou dynamo, à une pompe aspirant et foulant à la façon d'une pompe rotative ou d'une turbine, c'est-à-dire d'une manière continue.

Prenons un tuyau acoustique, rempli d'air par conséquent ; dès qu'à une extrémité on provoque une pression quelconque, il se produit une poussée dans la colonne entière, et si faible que soit cette poussée, elle se transmettra à la vitesse de 332 mètres par seconde, qui est la vitesse de l'onde sonore et, en général, de toutes les ondes qui se propagent dans l'air. Dans un tuyau d'eau, cette vitesse de propagation serait de 1.430 mètres, et si, dans le tuyau pneumatique ou hydraulique, se trouvaient de petites turbines délicatement suspendues par leur centre, ces turbines seraient orientées par cette première poussée comme le sont les feuilles d'un arbre sous le souffle du vent.

Dans notre fil de cuivre, la première poussée orientera de

même les molécules à la vitesse de 300.000 kilomètres par seconde, vitesse de propagation des ondes dans l'éther, et cela quelle que soit la vitesse effective de l'éther, laquelle pourrait être insignifiante, comme dans le téléphone.

En A, l'éther sera aspiré d'un côté, propulsé de l'autre. Qu'en résultera-t-il. **Au milieu du circuit, la force électromotrice changera de sens, et en ce point milieu la tension sera nulle.**

Ces particularités des courants trop peu mises en relief, passées presque sous silence dans les ouvrages comme négligeables, nous paraissent fondamentales par leur importance. un corps peut être mû de deux façons, soit qu'on le pousse par derrière, soit qu'on le tire par devant, sans que rien trahisse le sens de la force motrice pour un œil superficiel ou non prévenu.

Ainsi en sera-t-il pour notre courant d'éther, poussé dans un sens, aspiré dans l'autre. **le point milieu sera le dernier mis en mouvement, et c'est ce qu'a reconnu Wheatstone : en ce point milieu la force électromotrice change de sens,** quoique le courant se meuve d'une façon continue.

Nous prenons cette constatation dans un petit opuscule de Tyndall sur *les Théories électriques*, édition des actualités scientifiques. A la page 40, nous lisons :

« *Au point milieu d'un fil qui joint les deux pôles d'une pile,*
« *la tension est nulle, puis elle augmente graduellement à droite*
« *et à gauche en allant aux deux pôles de la pile; mais d'un*
« *côté on a exclusivement de l'électricité positive, et de l'autre*
« *de l'électricité négative.* »

De sorte que, si on représente le circuit par une ligne horizontale, les tensions aux deux extrémités seront représentées

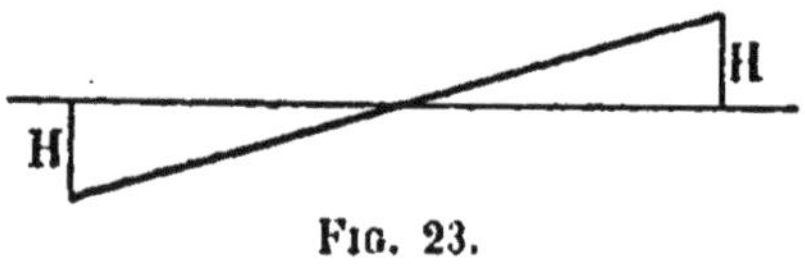

Fig. 23.

par deux ordonnées égales, l'une au dessus, l'autre au dessous; la ligne qui joint les points extrêmes a été dénommée par Ohm la *pente ou baisse électrique;* la tension totale est représentée par 2 H.

La même chose se passe dans les aimants; il y a propulsion à un pôle, aspiration à l'autre et, au milieu de chaque ligne de force, point neutre.

Cette manière d'être des courants a paru inexplicable et en dehors de toute analogie hydraulique; on l'a alors expliquée en disant qu'il y a deux courants de sens inverse partant en même temps de l'électromoteur, un courant d'électricité positive, l'autre d'électricité négative, et ces courants se rencontraient au milieu; cela paraît inconcevable, d'autant plus que, en chaque point du circuit, règne la même intensité.

Nous estimons, nous, que cette prétendue anomalie consacre d'une façon absolue la ressemblance du courant électrique avec les courants des autres fluides; mais il faut pour cela se placer dans les mêmes conditions et prendre comme moteur électrique une turbine aspirant et refoulant dans un tuyau ininterrompu, et non des différences de niveau, comme on persiste à le faire dans les livres.

Tout d'abord remarquons que, dans un courant, provoqué par une turbine, qu'il soit électrique, hydraulique ou pneumatique, le changement dans la valeur et le sens de la force motrice n'influe en rien sur le débit et la vitesse du courant; la quantité d'électricité, d'eau ou de gaz qui passe en chaque point est la même.

Mais alors d'où vient que, dans un circuit électrique, on recueille à une extrémité de l'électricité positive, à l'autre de l'électricité négative? Uniquement à la circonstance suivante : si nous mettons le côté *propulsant* en communication avec un réservoir quelconque d'électricité, une boule métallique, par exemple, ou les feuilles d'un *électroscope*, l'éther sera *propulsé*, et cette boule ou ces feuilles se rempliront d'électricité positive; si, à l'autre extrémité, nous plaçons une boule ou un électroscope semblables, l'éther sera aspiré, et ils se rempliront d'électricité négative, et cependant, comme nous l'avons dit, la même quantité d'éther circule dans les deux points; il y possède la même densité; mais la tension électromotrice a changé de sens.

Seules les propriétés aspirantes et foulantes peuvent rendre compte de ces singularités; l'électricité positive dans un courant n'est autre chose que de l'éther refoulé ; l'électricité négative, de l'éther aspiré.

Les choses se passeraient-elles différemment s'il s'agissait d'un circuit d'air ou d'eau ? mais les ressemblances sont infinies et se poursuivent jusque dans les moindres détails.

Considérons, par exemple, un circuit hydraulique continu, coupons-le et plongeons les deux extrémités du tuyau dans un réservoir d'eau ; en quelque point que soit placée la turbine

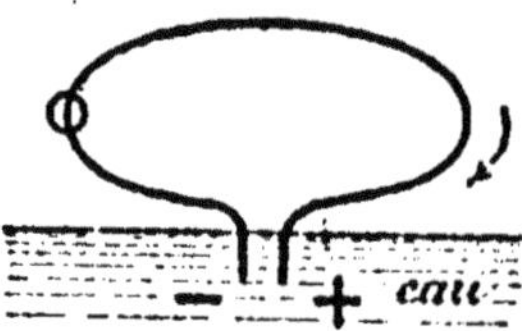

Fig. 24.

motrice, les points de plongée seront les points de tension nulle ; la turbine aspire l'eau du réservoir et la rejette dans le réservoir ; il en est de même pour l'électricité, en remplaçant l'eau par la terre considérée comme un réservoir illimité d'éther.

De même encore si un tuyau plonge dans l'eau par ses deux extrémités en des points très éloignés et que la turbine se trouve vers l'un des deux points d'immersion, le courant sera aspiré

Fig. 25.

ou propulsé, suivant le sens de la rotation de la turbine. Tyndall décrit ce cas comme suit : « *Si l'extrémité négative de la pile communique avec la terre, le fil entier manifestera de l'électricité positive ; si l'extrémité positive communique avec la terre, le fil entier présente de l'électricité négative.* » C'est le cas des fils télégraphiques.

Si la plongée se faisait dans des réservoirs différents, l'un serait vidé au profit de l'autre.

Une expérience de M. de Heen prouve de façon indiscutable cette aspiration d'un côté et cette propulsion de l'autre ; si on

plonge les deux extrémités d'un circuit coupé dans une cuvette
de porcelaine contenant une solution de sulfate de cuivre et de
gélatine sur une épaisseur de 1 centimètre environ, on remarque
que le niveau s'abaisse vers le pôle positif et se relève dans le
voisinage du pôle négatif, résultat du transport et de l'insufflation d'un pôle à l'autre.

Tout, absolument tout dans les courants électriques
démontre la nécessité d'une aspiration et d'une propulsion.

Les particularités des courants ci-dessus relatées ont été étudiées par Ohm avec le courant d'une pile, parce qu'à son époque
on ne connaissait pas les dynamos ; mais la nature de l'électromoteur importe peu ; il suffit que les circuits ne présentent pas
d'autre résistance que la résistance ohmique, à savoir celle du
conducteur lui-même ; des résistances étrangères ne feraient
d'ailleurs que modifier les résultats sans les détruire et le point
neutre au lieu d'être au milieu se trouverait différemment placé.

Court-circuit. — Dans un circuit continu donc, l'éther circule, refoulé sur moitié du parcours, aspiré sur l'autre moitié.

Supposons que, dans ce circuit, le courant rencontre sur sa
route une résistance, A, dynamo réceptrice, lampe à arc, etc.

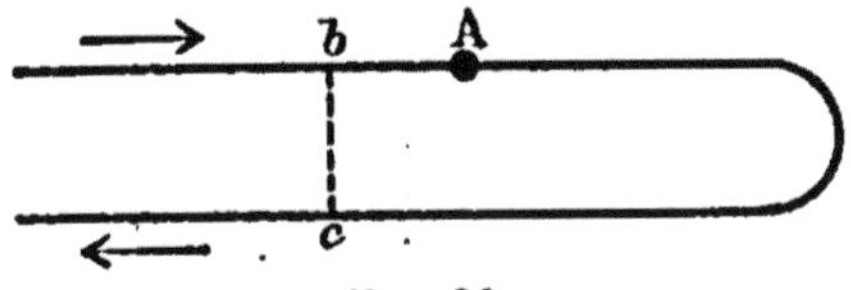

Fig. 26.

Si, en amont de A, l'éther parvient à s'échapper, il pourra aller
rejoindre directement le courant de retour avec une chute de
potentiel d'autant plus considérable que la tension en arrière de
la résistance sera plus considérable elle-même.

Cette dérivation accidentelle du courant est un *court-circuit*,
lequel constitue un danger permanent d'incendie dans les installations électriques, et ce danger est d'autant plus imminent que,
dans les installations intérieures, on place toujours, par raison
d'économie, les fils d'aller et de retour côte à côte pour pouvoir les
enfermer dans la même gaine ; on compte sur l'efficacité absolue
et indéfinie des couches isolantes.

En quoi consiste le danger du court-circuit? La chute du potentiel y étant d'autant plus considérable que les résistances en amont sont plus considérables aussi, l'éther s'échappe avec une grande vitesse; or la température s'accroît avec le carré de cette vitesse; la chaleur développée est donc considérable.

Pour éviter les courts-circuits, la sagesse ordonnerait de séparer dans les habitations les fils d'arrivée d'avec ceux de retour.

RETOUR DU COURANT PAR LA TERRE

Nous n'avons jusqu'ici, sauf quelques légères digressions, considéré un courant qu'à circuit fermé, et c'était le même éther qui circulait sans cesse sous l'effet d'une propulsion et d'une aspiration continues; mais, lorsque le circuit est long, il y a là une dépense considérable de métal, de surveillance, etc., ne pourrait-on la réduire?

Lorsqu'il s'agit de faibles tensions comme dans la télégraphie,

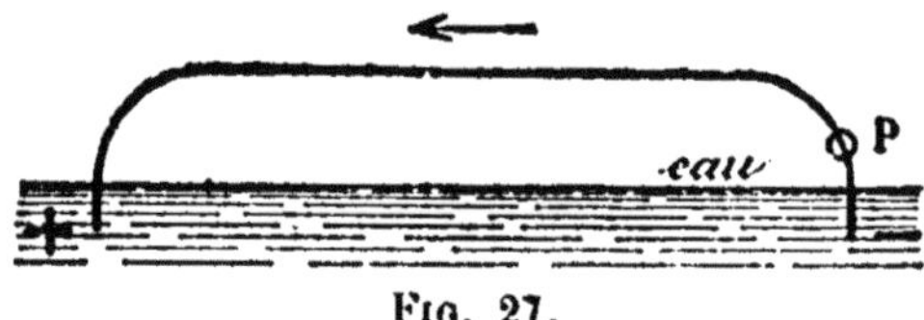

Fig. 27.

où par surcroît la vitesse du courant doit être très peu considérable, le moyen est facile, on supprime nettement le fil de retour, le conducteur plonge alors à la terre par ses deux extrémités, comme il plongeait dans l'eau; la pile est en un point quelconque P. Cette pile aspire l'éther de la terre et le rejette dans la terre à l'autre extrémité.

Jusqu'à ces temps derniers, on n'avait pas osé supprimer le fil de retour pour les hautes tensions; ce pas a été récemment franchi par *la Société d'industrie électrique et mécanique de Genève;* cette Société a conduit un courant continu de 150 ampères sous 23.000 volts de Saint-Maurice à Lausanne, soit sur une longueur de 50 kilomètres, sans fil de retour ; la force ainsi transportée était de 5.000 chevaux. L'économie réalisée a été considérable tant par la réduction de longueur des fils que par la réduction dans les pertes du courant ; la zone électrisée c'est-à-dire imprégnée d'éther aux points d'immersion dans la terre, ne s'étend pas à plus de 100 mètres.

Ce retour par la terre s'effectuait déjà implicitement dans les exploitations de tramways électriques où le retour se faisait, pensait-on, par les rails ; or ce retour par les rails est purement illusoire. M. Guarini vient en effet de reconnaître que, dans le cas d'une voiture utilisant 100 ampères, il n'y avait plus trace de courant dans les rails à 250 mètres de la voiture, l'éther était simplement rejeté à la terre.

Ce qu'on appelle *retour par la terre* n'existe donc pas en réalité, pas plus ici qu'ailleurs ; l'éther est pris à la terre et rendu à la terre, qui se comporte ainsi comme un vaste réservoir ; ce n'est donc nullement le même éther qui circule dans le fil, comme c'est le cas dans les circuits continus.

Le soi-disant retour par la terre s'applique aussi aux courants alternatifs ; mais nous ne nous étendrons pas davantage sur ce sujet, notre dessein étant seulement d'expliquer les phénomènes.

On comprend aisément que, si dans un circuit fermé, l'électro-moteur doit être soigneusement isolé de la terre ; dans le cas de retour par la terre, il doit, au contraire, communiquer avec elle pour pouvoir y puiser ou y rejeter l'éther.

On peut, à l'aide du courant provoqué soit par une pile, soit par tout autre électromoteur, charger d'électricité statique un réservoir quelconque, une masse de métal par exemple, ce qui prouve que l'électricité qui constitue les courants n'est autre que de l'électricité ou éther à l'état statique ou de repos.

Nous savons que dans un circuit fermé c'est le même éther qui circule continuellement ; dès lors, pour charger un réservoir d'électricité statique à l'état positif, il sera nécessaire de mettre la pile en communication avec la terre, l'électromoteur aspirera dans cette dernière l'éther nécessaire pour la charge ; après quoi on pourra de nouveau interrompre toute communication.

ACCOUPLEMENT EN SÉRIE ET EN TENSION

Deux choses sont à considérer dans une conduite d'eau fermée : la quantité ou débit et la pression ou tension. Le courant peut, sous une faible pression, posséder une grande vitesse ; mais il serait alors incapable de surmonter une résistance même de faible importance, ou bien le courant peut avoir une faible vitesse et une grande tension, comme dans le cas d'une presse hydraulique.

Il en est de même dans les courants électriques et, en électricité comme en hydraulique, le travail se mesure par le produit de la quantité par la tension.

Lorsqu'on a plusieurs électromoteurs producteurs de courants, tels que piles, accumulateurs, dynamos, etc..., on peut les accoupler de façon à avoir un grand débit, c'est-à-dire en *série*, ou bien une grande tension, c'est-à-dire en *tension*.

Le coté propulsant de ces électromoteurs est le pôle positif ; le côté aspirant, le pôle négatif ; mais, pour plus de clarté dans la démonstration, remplaçons-les par des turbines.

Soient trois turbines isolées actionnant chacune un courant, laissons les turbines isolées, mais joignons en un seul les trois

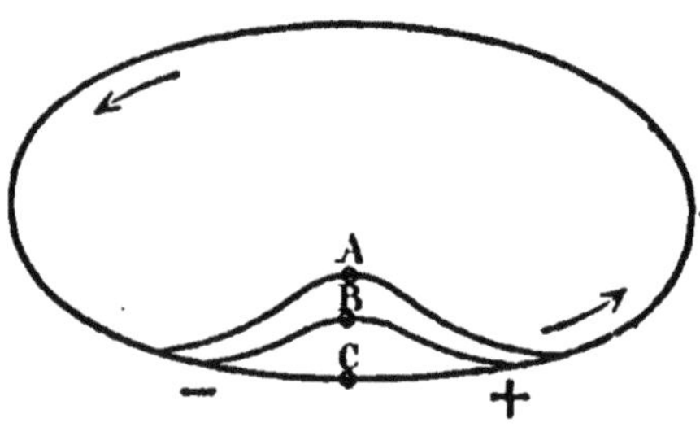

Fig. 28.

tuyaux au départ et à l'arrivée ; nous aurons, avec ces trois turbines, un débit triple, mais la tension sera restée celle d'une turbine, c'est l'accouplement en *série*. Pour obtenir cet accouplement il faudra donc joindre ensemble tous les pôles positifs et tous les pôles négatifs ; l'aspiration sera triple en quantité et le refoulement aussi.

Dans le cas d'accouplement en *tension*, les turbines sont placées dans le même conduit, la première turbine A aspire et propulse ; la deuxième turbine B aspire l'eau propulsée par A et exalte sa

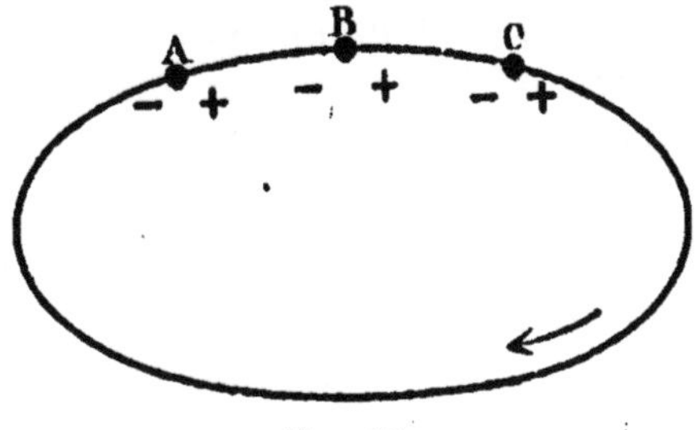

Fig. 29.

tension, sans rien changer à sa quantité ; finalement la tension est triplée, mais la quantité est restée la même.

Il faut, dans ce cas, accoupler chaque pôle refoulant au pôle aspirant suivant, ou en terminologie électrodynamique, le pôle positif de chaque électromoteur au pôle négatif de l'électromoteur suivant.

TENSION D'UN COURANT — ÉLECTRICITÉ A L'ÉTAT STATIQUE

Lorsqu'on coupe un circuit, le courant est interrompu, l'éther cependant continue à être propulsé vers une des extrémités A

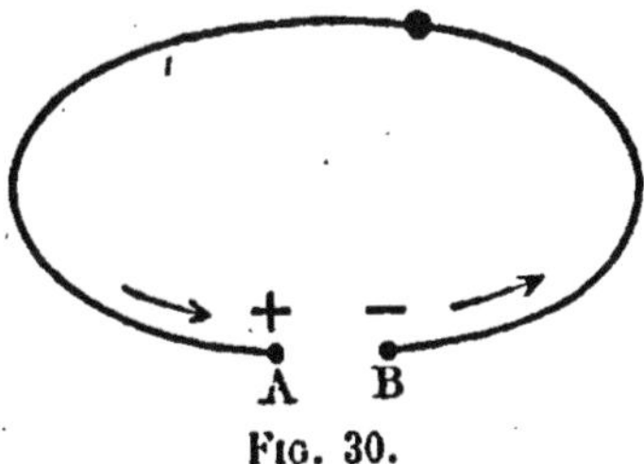

Fig. 30.

de la coupure, et à être raréfié à l'autre extrémité B. Il s'accumule ainsi aux deux extrémités, suivant le langage adopté, de l'électricité positive et de l'électricité négative sous forme statique et la différence des tensions marque la tension électomotrice.

Si la coupure est dans l'air et si la distance n'est pas trop considérable, le courant pourra traverser le vide et se rétablir par une décharge disruptive ; une nouvelle accumulation produira une nouvelle décharge, et ainsi de suite.

Si nous reprenons la comparaison hydraulique, nous la retrouverons encore ici évidente ; en effet, si en un point d'un tuyau rempli d'eau et dans lequel fonctionne une turbine, nous plaçons une résistance quelconque, un diaphragme par exemple, ce diaphragme se gonflera sous l'effet de la poussée en un sens et de l'aspiration dans l'autre.

Si la différence entre la poussée et l'aspiration est suffisante, le diaphragme sera crevé et le courant se rétablira, mais il aura désormais perdu sa tension; si le diaphragme ne peut être rompu, le courant sera arrêté, et cela quelle que soit son intensité ; mais la poussée et l'aspiration continueront à se produire, et l'électricité sera à l'état statique, avec des tensions différentes de chaque côté du diaphragme.

Les résistances qu'éprouve un courant électrique peuvent se diviser en deux catégories : d'abord la résistance ohmique ou résistance du conducteur, analogue au frottement dans les tuyaux hydrauliques; cette résistance ohmique dépend de la nature du conducteur, de sa longeur, de son diamètre, etc... Enfin, il y a les résistances utiles ou occasionnelles, telles que mise en mouvement de dynamos réceptrices, éclairage électrique, etc. Pour qu'un courant puisse s'établir, il faut tout au moins qu'il puisse vaincre la résistance ohmique ou résistance du conducteur.

On peut conclure que, le courant hydro ou électromoteur s'il réussit à s'établir possède une tension qui est toujours au niveau de la résistance, et, si les résistances disparaissent, la tension disparaît aussi.

Il arrive parfois que le courant, pour pouvoir atteindre son but, doive posséder une certaine tension; pour la lui donner, on intercale dans le circuit une résistance artificielle.

Ainsi, pour l'éclairage électrique par le moyen de lampes à incandescence, le courant doit posséder une tension de 110 à

120 volts, qu'est-ce que cela peut bien signifier, puisque c'est le débit seul ou l'intensité du courant qui provoque l'incandescence.

On sait que, dans une lampe à incandescence, on intercale dans le trajet du fil de cuivre un fil de charbon bien moins conducteur que le cuivre; le courant y sera donc ralenti, et son intensité ne sera pas suffisante pour produire l'incandescence. Pour accentuer cette intensité, il sera donc nécessaire de donner au préalable au courant une tension de 110 ou 120 volts.

Pour les lampes à arc, la tension doit être de 35 volts seulement.

Considérons un circuit d'air coupé et fermé à chaque extrémité par un diaphragme en parchemin; en un point un moteur à turbine, qui aspirera l'air dans une branche et le propulsera dans l'autre; si la tension de l'air est suffisante, les diaphragmes seront crevés, et l'air s'échappera avec explosion du côté positif, pour aller rejoindre l'air raréfié du pôle négatif en entraînant même des parcelles de parchemin.

C'est la représentation exacte de la décharge électrique disruptive, qu'y manque-t-il, seulement la lumière, car la décharge disruptive entraîne pareillement des parcelles de métal.

Nous examinerons plus loin pourquoi l'éther ne peut traverser le vide qui, dès lors, fait office de diaphragme aux extrémités d'un circuit coupé.

En réalité, dans un fil conducteur nous savons que non seulement l'électromoteur, mais toutes les molécules aspirent et propulsent, la compression de l'éther se fera donc d'une manière continue à partir du pôle négatif où il y aura raréfaction maxima, jusqu'au pôle positif où il y aura maximum de compression avec passage à une tension neutre au niveau de l'électromoteur et au milieu du circuit.

Lorsque le courant est arrêté, l'électricité, comme nous l'avons vu, devient statique, tout comme l'eau elle stagne.

L'état statique et l'état dynamique de l'éther ou électricité se traduisent par deux champs complètement différents; lorsque le courant est arrêté, le champ statique est composé de lignes de force statiques rayonnant dans tous les sens normalement au conducteur, dès que le courant est rétabli, ce champ disparaît et est remplacé par un champ circulaire dit électro-magnétique dont nous verrons plus loin la cause et les effets.

Joule a constaté que dans un courant électrique, la chaleur s'accroît suivant le carré de l'intensité ou vitesse du courant ; en traitant de la théorie cinétique de la matière nous avons essayé de rendre compte de ce phénomène dont on a tiré parti pour l'éclairage électrique.

Nous avons exposé que l'énergie d'une molécule se partageait en trois facteurs, diamètre de l'orbite parcouru par la molécule, vitesse de révolution et vitesse de rotation, nous avons cherché à prouver que pour un état donné de la matière ces trois éléments se conservent toujours dans une même proportion ; le nombre de révolutions ou chaleur est proportionnel au diamètre de l'orbite ou dilatation, et cette même vitesse de révolution est proportionnelle, avons-nous dit, au carré de la vitesse de rotation.

La liaison, en ce qui concerne ce dernier élément, n'est pas très apparente, cependant on peut arriver à la déduire ; l'intensité du courant produit par une turbine est proportionnel à la vitesse de rotation de la turbine, or, la loi de Joule, autrement dit l'expérience, nous montre que la chaleur est proportionnelle au carré de l'intensité, le nombre de révolutions ou vibrations, est donc bien proportionnel au carré du nombre des rotations, autrement dit la chaleur au carré de l'intensité.

Si on parvenait dans un fil conducteur à orienter simplement les molécules en leur conservant leur rotation de constitution, on obtiendrait un courant sans réaliser de chaleur, c'est ce qui arrive dans les aimants en couronne par exemple, le courant y est continu sans élévation de température.

CORPS BONS ET MAUVAIS CONDUCTEURS OU DIÉLECTRIQUES

Quelle peut bien être dans notre conception de la molécule propulsive, la cause de la mauvaise ou de la bonne conduction des corps.

Il est vraisemblable que les corps ne présentent nulle part de qualités opposées, ces qualités doivent varier progressivement, de la conductibilité presque parfaite à la mauvaise conductibilité presque absolue, en réalité, comme le constate M. Mascart, les diélectriques comme les conducteurs doivent présenter les mêmes phénomènes d'orientation et de conduction.

Rappelons notre expérience des champs magnétiques reproduits dans l'eau, une turbine en aile de moulin à vent tournait rapidement dans l'eau, et nous avons reconnu que, tout en propulsant l'eau, elle soulevait un bourrelet à la périphérie; une turbine propulse plus ou moins, et, si les ailes se trouvaient dans un même plan, elle ne propulserait plus du tout.

Si la forme de la molécule est très populsive, elle s'orientera facilement et propulsera en abondance, si cette forme est peu accentuée l'orientation se montrera paresseuse sous l'influence d'une excitation quelconque et la propulsion sera faible.

La conductibilité des molécules dépend donc de leur forme, si la molécule n'était nullement propulsive, sphérique par exemple, elle ne s'orienterait pas du tout et ne propulserait pas, on aurait affaire à un diélectrique parfait qui dans la réalité n'existe pas sans doute.

Dans les diélectriques solides, les molécules qui s'orientent difficilement conservent, par contre, longtemps leur orientation. Maxwell cite des espèces de verre où l'orientation persiste pendant des années.

Les gaz sont mauvais conducteurs, quelle que soit la forme de leurs molécules, mais c'est pour d'autres motifs, une molécule, en effet, pour pouvoir propulser et émettre un flux, doit être assise, fixée comme dans les solides, sinon au lieu de propulser elle se propulsera elle-même en prenant son point d'appui dans l'éther, elle n'émettra par suite aucun flux, or, c'est le flux qui est la caractéristique de l'électricité; c'est pourquoi la molécule gazeuse de mercure est très mauvaise conductrice, tandis que la même molécule liquide ou solide conduit parfaitement.

Les molécules des liquides, mobiles aussi, mais moins que celles des gaz, tiennent, au point de vue de la conduction, le milieu entre celles des solides et des gaz mais en se rapprochant bien davantage de celles-ci.

Pourquoi le vide est-il mauvais conducteur. — Mais pourquoi le vide est il qualifié de mauvais conducteur? Pourquoi ne se laisse-t-il pas franchir par l'électricité? Pourquoi enfin l'éther ne peut-il traverser l'éther, même lorsqu'il est doué d'une vitesse considérable, avec un peu de réflexion la raison en est simple.

L'éther possède peu d'inertie, dans un circuit coupé, par exemple, lorsqu'il est suffisamment tendu à une extrémité, il se précipite et son énergie de projection est en raison de son inertie et de sa vitesse ; si l'éther n'avait pas d'inertie, il ne pourrait pas s'élancer, il en a une faible, il est vrai, mais il la rachète par une énorme vitesse ; il s'élance donc, va prendre son point d'appui sur des poussières intermédiaires et de poussière en poussière il se rend au bord négatif ou aspirant.

Un exemple familier nous fera mieux saisir cette explication. Lorsqu'une personne veut franchir un ruisseau, si ce ruisseau est large elle ne le peut, mais s'il y a des pierres peu distantes, cette personne prend son élan, aborde le côté du ruisseau, saute sur une première pierre, puis sur une seconde et arrive ainsi à l'autre bord.

Mais même pour franchir un faible intervalle, il faut que la personne ait du poids ou de l'inertie, sinon elle aurait beau s'élancer, son énergie impulsive resterait nulle, la vitesse ne suffisant pas à la créer.

EXPLICATION DES COURANTS ADMISE PAR LA SCIENCE

Pour terminer ce chapitre des courants, mettons, en regard de notre explication si simple, l'explication officielle rencontrée chez les auteurs les plus en renom, ceux du moins qui consentent à s'expliquer sur ce sujet, car la plupart s'abstiennent de tout commentaire.

La difficulté d'expliquer dans un circuit fermé la présence d'électricité négative sur moitié du parcours et d'électricité positive sur l'autre moitié a fait adopter le système des deux électricités.

Dans son *Traité de physique* déjà ancien, Daguin explique que deux électricités contraires parties d'un même point vont à la rencontre l'une de l'autre dans le fil conducteur.

Lodge, qui est de nos jours, dit que le courant dans un liquide électrolytique est double, positif dans un sens, négatif dans l'autre, pourquoi dès lors le même phénomène ne se produirait-il pas dans les conducteurs.

Du Moncel explique que, « *dans un circuit fermé, les deux électricités se meuvent de part et d'autre à partir des pôles jusqu'au milieu du circuit; par conséquent chaque moitié est chargée d'électricités contraires* ».

Cette opinion était encore celle de Faraday et de Fechner ; dès lors, pour ces savants, l'électromoteur, pile ou dynamo se borne à séparer dans le fluide neutre les deux électricités, l'électricité positive s'écoule d'un côté, l'électricité négative de l'autre.

Weber prétend que, lorsqu'on met en communication deux réservoirs d'électricités contraires, deux courants s'établissent, l'un du positif au négatif, l'autre du négatif au positif.

Or comment explique-t-on que se propage le courant ; l'opinion de tous est que l'électricité se transmet d'une molécule à l'autre, comme de l'électricité statique par convection; les molécules en vibrant se choquent et se transmettent leur charge.

M. Crémieux, il est vrai, par des expériences récentes très précises, vient, on le croit du moins, de ruiner cette croyance. Quant à nous, on a vu que ce n'est pas par la convection que nous expliquons le courant électrique, mais par une franche conduction d'un flux ininterrompu, par le moyen de turbines.

PROJECTION CATHODIQUE

Avant de terminer ce chapitre, nous chercherons à rendre compte d'un fait qui semble en dehors et même contraire à tout ce qu'on sait de l'électricité.

On connaît l'ampoule de Crookes, c'est une ampoule de verre dans laquelle on a pratiqué le vide à un millionième d'atmosphère; à une des extrémités aboutit le pôle négatif ou *cathode* d'une pile, en face, mais de côté, se trouve le pôle positif ou *anode*.

Lorsque le courant passe, il se produit à partir de la cathode et dans le sens opposé au courant une projection moléculaire d'hydrogène, pense-t-on, qui est animée d'une vitesse excessive.

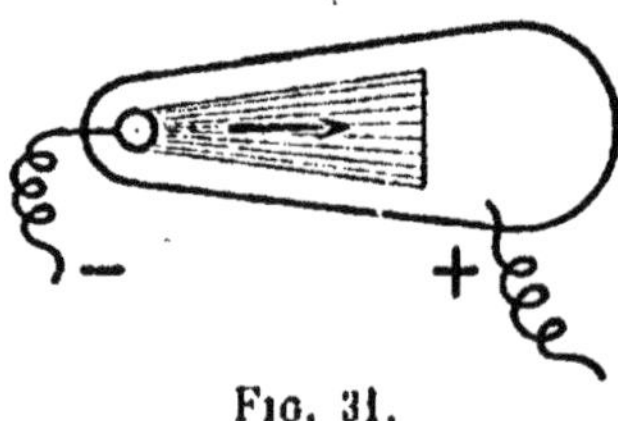

Fig. 31.

Cette projection a été dénommée rayons cathodiques parce qu'elle émane de la cathode.

M. Houllevigue a réalisé la projection de la substance de la cathode elle-même et a pu ainsi obtenir des pellicules métalliques d'or sur verre, sur bois, etc. ; en Amérique, on obtient par ce procédé des miroirs de platine.

On avait toujours admis et tous les autres phénomènes le confirment, que, dans un courant, le transport de la matière se fait du positif au négatif, et c'est ainsi que cela se passe, notamment dans l'électrolyse, où le métal suit cette direction, or voici qu'on observe un transport en sens contraire.

Pour nous l'explication de cette apparente anomalie est fort simple : considérons les molécules de la cathode, elles sont orientées et tournent dans le sens de l'aspiration, c'est-à-dire que si elles étaient libres de se mouvoir, elles s'élanceraient en sens opposé du courant; or les molécules de tête sont libres sur leur face antérieure; n'étant plus désormais arrêtées par la pression atmosphérique qui a été presque complètement supprimée, ces molécules s'élancent dans le sens du positif; les molécules d'hydrogène au contact des molécules de la cathode prennent même orientation et même vitesse.

Naturellement, ces molécules émanant d'une région où l'éther est en déficit sont en déficit elles-mêmes, et c'est pourquoi l'on a constaté qu'elles étaient chargées d'électricité négative.

Crookes, l'inventeur des rayons cathodiques, pense que ces rayons sont dus à la charge électrique moléculaire qui serait arrachée à la cathode négative; ils seraient, en un mot, des électrons négatifs, et c'est même le seul cas où on ait cru avoir réussi à isoler des électrons négatifs. Quant aux électrons positifs, on avoue n'en avoir jamais isolé.

L'opinion de Crookes est assez répandue dans le monde savant; cette opinion n'est pas la nôtre; le fait que des particules métalliques sont lancées prouve suffisamment que les radiations sont bien dues à une projection de matière.

ONDES ET FLUX

QUATRIÈME PARTIE

ONDES ET FLUX

DISTINCTION DES ONDES ET DES FLUX. — VITESSE DE L'ÉLECTRICITÉ

La distinction de ce qui est flux d'éther et de ce qui est simplement onde, est une des questions les moins étudiées des énergies et de l'électricité en particulier. Cette question est cependant des plus importantes, et son étude ouvre des horizons nouveaux à peine soupçonnés.

Aucun auteur, à notre connaissance, n'a fait la part de ce qui revient aux ondes et de ce qui revient aux flux. D'aucuns même, et non des moindres, confondent ces deux manières d'être de l'éther.

Aux flux reviennent les phénomènes magnétiques, les courants électriques, les champs électro-magnétiques, les phénomènes électrostatiques. Aux ondes la propagation de l'électricité, de la lumière, des ondes hertziennes et de la gravitation.

En parlant des courants électriques, nous avons reconnu qu'ils se propagent à la vitesse de 300.000 kilomètres par seconde, est-ce à dire que l'électricité ou éther se meut à cette fantastique vitesse? Beaucoup le supposent et parmi eux de nombreux savants. Ainsi M. Claude, dans son ouvrage l'*Électricité mise à la portée de tout le monde*, affirme bien haut que ce qui différencie, entre autres, l'électricité des autres fluides, c'est qu'elle se meut toujours à la même vitesse de 300.000 kilomètres.

Nous avons nous-même entendu un électricien éminent, membre de l'Institut, soutenir la même affirmation à propos du radium. « Les particules de ce corps, disait-il, s'échappent à la vitesse de l'électricité, soit 300.000 kilomètres par seconde, ce qui explique leur incroyable puissance énergétique. »

Par contre, Maxwell prétend que nul ne connaît la vitesse de l'électricité. « Est-elle de plusieurs millions de lieues par seconde ou d'un centième de pouce ? » Assurément cette vitesse est parfois très faible. « La vitesse réelle de l'électricité dans « un fil télégraphique, dit encore Maxwell, doit être très faible, « moindre peut-être d'un centième de pouce à l'heure, bien « que les signaux qu'il transmet se propagent avec une grande « vitesse. »

D'autre part, si on fait communiquer un réservoir d'électricité à la terre au moyen d'une corde de chanvre ou de coton, la décharge dure plusieurs secondes, et on peut suivre la marche de l'électricité sur la faible longueur que présente la corde, au moyen d'un électroscope.

La vitesse d'un courant est donc toute différente de sa vitesse de propagation ; celle-ci seule est constante pour tous les courants et égale à 300.000 kilomètres par seconde, comme nous allons tâcher de le démontrer avec de plus amples détails.

L'électricité, ou éther, n'est pas une énergie ; c'est un fluide au même titre que les liquides et les gaz ; l'énergie ne prend naissance que lorsque ces fluides sont en mouvement ou en tension, tels un courant d'eau, une chute d'eau, de l'air comprimé, de l'électricité statique ou éther comprimé ou raréfié, de l'électricité dynamique ou éther en mouvement ; mais à côté des énergies il y a les ondes qui transmettent ces énergies. Or les ondes sont produites par un simple ébranlement moléculaire dans les milieux élastiques solides ou fluides, et elles vont au loin reproduire sur d'autres molécules les mouvements qui leur ont donné naissance.

Et c'est merveille que des états en apparence si différents

que les états solide, liquide, gazeux et éthéré engendrent des ondes absolument semblables et se comportant d'une façon identique. D'après cela, ne peut-on pas supposer que l'éther lui-même, que nous ne connaissons que par ses effets, que cet éther constitue bien un quatrième état de la matière différant par ailleurs des premiers.

Les ondes peuvent être classées en ondes se propageant dans l'espace ou *ondes sphériques*, en ondes se propageant dans un plan ou *ondes polarisées* et en ondes se propageant linéairement dans un tuyau ou dans un fil, lesquelles ondes nous appellerons *canalisées*.

Examinons ces diverses espèces d'ondes; cette étude est nécessaire pour nous rendre compte des divers phénomènes électriques et magnétiques, qui pour la plupart sont dus à de l'éther en tension ou en mouvement, c'est-à-dire à des flux.

I. — ONDES SPHÉRIQUES

Lorsqu'au sein d'un corps élastique solide ou fluide se produit une agitation quelconque, il naît dans ce milieu une onde sphérique, chaque molécule comprime la suivante, puis revient sur elle-même et ainsi de suite, indéfiniment.

Si l'agitation est unique, l'onde est unique aussi, elle s'éloigne bien toujours du centre d'agitation, mais aucune autre ne lui succède, si l'agitation est rythmée l'onde est également rythmée : telles sont les ondes sonores, un corps vibrant dans l'air par son mouvement de va-et-vient repousse et attire alternativement les molécules d'air et ce mouvement alternatif se poursuit à l'infini.

Lorsqu'on jette une pierre dans un étang, il se produit une onde sphérique dans la masse de l'eau; la surface ne nous montre qu'une section, mais combien cette section est instructive : on y voit se produire réellement les élévations et les dépressions que nous révèlent les jeux de lumière, le liquide se

soulève et s'abaisse sans éprouver de mouvement de translation ou du moins ce dernier est insensible.

On voit les cercles s'élargir de plus en plus et s'affaiblir en
s'éloignant du centre, et on peut se rendre compte que toute
agitation, même un mouvement de va-et-vient dans un même
plan, engendre une onde circulaire, onde qui est en réalité
sphérique au sein de la masse.

Si on ne peut aussi aisément surprendre les ondes de l'éther,
la théorie les a cependant mises à nu et même mesurées : ainsi,
toute molécule d'un corps par son mouvement vibratoire ou
circulaire engendre, lorsqu'il est suffisamment rapide, des ondes
lumineuses et calorifiques, qui vont transmettre au loin le mouvement qui leur a été communiqué et ces ondes suivent le
même processus et obéissent aux mêmes lois que les ondes
solides, liquides ou gazeuses.

Quel que soit le mode d'ébranlement, la vitesse des ondulations reste la même pour un même milieu, dans l'eau l'ondulation parcourt 1.437 mètres par seconde, dans l'air 332 ; enfin,
dans l'éther, 300.000 kilomètres ; la vitesse de propagation
dépend de la seule élasticité du milieu et de sa densité.

Chaque onde s'étendant sphériquement, s'enflant au fur et à
mesure qu'elle s'éloigne de son point d'ébranlement, il en résulte
que **l'affaiblissement des ondes sphériques est en raison inverse du carré de la distance**, car deux surfaces sphériques sont
entre elles comme les carrés de leurs rayons.

Cette loi, comme toutes les lois physiques, est une conséquence des phénomènes et ne les régit pas comme on l'énonce
et comme on se l'imagine souvent à tort.

THÉORIE DES ONDES LUMINEUSES DÉRIVÉE DE LA CONSTITUTION DE LA MATIÈRE

Parmi les ondes sphériques se rangent les ondes lumineuses ;
vu l'intérêt du sujet nous nous permettrons sur ce point un
léger arrêt ; d'autant que cette étude est des plus précieuses
pour la connaissance de la matière.

Dans l'air, dit la science classique, les ondes se propagent dans le sens du rayon, dans l'éther, au contraire, elles se propagent *transversalement*, or que signifie ce terme, nous avons vainement cherché à comprendre ce qu'on entend par ondes tranversales ou plutôt comment ces ondes pouvaient prendre naissance et se propager, aucun ouvrage n'a pu nous éclairer, nous l'attribuons, un peu témérairement peut-être, à ce qu'aucun auteur n'a nettement saisi la théorie transversale qui, en effet, est des plus incompréhensibles.

Cherchons cependant à nous en rendre compte.

Soit un point lumineux L ; en O se trouve un observateur. Cet observateur voit la lumière suivant le rayon OL. La théorie de Fresnel dit que la lumière se propage, non suivant le

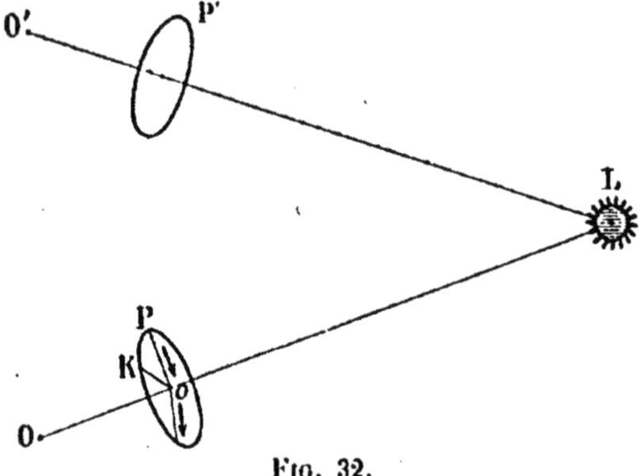

Fig. 32.

rayon, mais dans un plan perpendiculaire à ce rayon, et la molécule d'éther vibre dans ce plan suivant toutes les directions.

En chaque point du rayon OL, la propagation se fait ainsi transversalement, tantôt suivant le rayon OP tantôt suivant OK, en vibrant ou oscillant autour d'une position moyenne *o*.

Cependant un autre observateur O' verra le point lumineux suivant le rayon O'L; dès lors pour lui la lumière transversale se propagera suivant le plan P', nous en concluerons que ce plan transversal est susceptible d'occuper toutes les positions dans l'espace.

Cela est déjà bien paradoxal, bien compliqué, mais Newton, lui, a posé une objection redoutable : Si, disait-il, la lumière se propage transversalement, lorsqu'un filet lumineux pénètre dans la chambre noire, cette lumière devrait se répandre transversalement et la chambre serait éclairée.

A cela Huyghens a répondu par une explication peu claire qui venait encore compliquer le système de la transversalité.

Cette théorie, outre son air gauche, a encore l'inconvénient de ne pas s'expliquer par les propriétés de la matière, autrement dit par les mouvements de la molécule, et ici la physique nous paraît être quelque peu tombée dans la métaphysique.

Nous pouvons présenter une genèse des ondes lumineuses beaucoup plus simple que celle de Fresnel; cette dernière, en somme, aboutit à dire que les vibrations lumineuses s'effectuent dans toutes les directions; il est vrai que la théorie s'est heurtée à une particularité qui l'a déroutée et que nous examinerons plus loin.

Pour l'instant, revenons à la constitution de la matière que nous avons exposée au début.

La vibration lumineuse est provoquée par la molécule; or résulte-t-elle d'un mouvement de va-et-vient autour d'une position moyenne à la façon d'une lame métallique qui pourrait vibrer dans toutes les directions? Cela est impossible, la molécule est entourée de tous côtés par des molécules, elle doit donc exécuter des mouvements symétriques par rapport à chacune d'elles, et cela ne se peut que si elle se meut sphériquement autour d'une position moyenne O.

Le mouvement de la molécule n'est donc autre que celui d'une

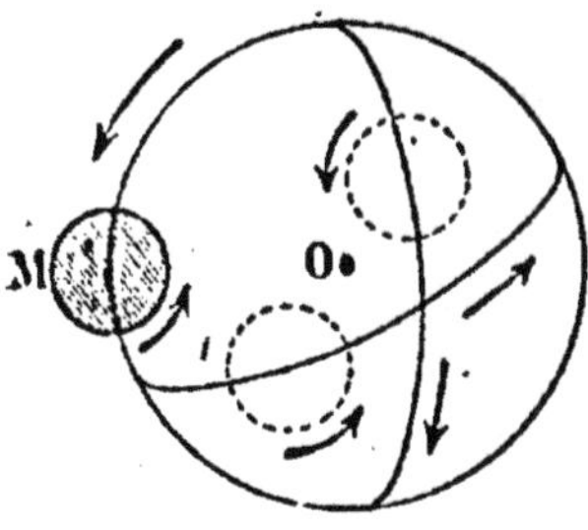

Fig. 33.

petite masse reliée par une tringle rigide à un centre fictif O; cette masse, sans revenir jamais sur elle-même, parcourt des orbites en tous les sens, tantôt dans l'un, tantôt dans l'autre.

L'onde lumineuse serait d'après nous produite par ce mouvement de vibration, elle serait circulaire et se produirait dans toutes les directions, de sorte que tous les points de l'espace seraient touchés.

Ce mode de vibration explique bien que, sans jamais revenir sur elle-même, la molécule puisse produire des vibrations *dextrorsum* et *sinistrorsum*, c'est-à-dire en se mouvant dans un même plan, tantôt dans un sens, tantôt en sens contraire.

Ces ondes de sens différent existent effectivement et, si elles s'expliquent facilement dans notre système, nous ne voyons pas comment elles peuvent se concevoir dans celui de Fresnel ; comment une molécule douée d'un va-et-vient suivant le diamètre peut-elle être considérée avoir un sens, puisqu'à chaque oscillation elle vibre forcément dans les deux sens.

La lumière rouge, qui est de toutes la moins rapide, émet 477 trillions de vibrations par seconde ; or la persistance de l'impression lumineuse sur la rétine est de 1/10 de seconde ; il suffira donc que 10 vibrations passent par chaque plan dans la durée d'une seconde pour produire une lumière continue, ce qui peut suffire à 47 trillions de directions. En réalité, ce nombre est bien plus considérable, étant donné qu'une quantité innombrable de plans passent par un même point de l'espace et lui envoient leurs ondes.

Le grand avantage de cette explication nous paraît d'abord de faire de la lumière une propriété de la matière au même titre que les autres énergies moléculaires ; en second lieu elle est parfaitement intelligible ; elle explique enfin la polarisation de la lumière par les voies les plus naturelles.

Nous ferons observer que, quelle que soit la direction et le sens du chemin parcouru par la molécule matérielle, son axe peut conserver une direction fixe ; n'en est-il pas ainsi dans les corps célestes, et la terre ne garde-t-elle pas son axe parallèle à lui-même dans sa révolution autour du soleil.

Les phénomènes magnétiques et électriques qui, d'après nous, sont dus à la persistance d'orientation de la molécule, ne sont donc nullement en désaccord avec les phénomènes lumineux par nous interprétés.

II. — ONDES POLARISÉES. — ONDES TRANSVERSALES DE FRESNEL

On désigne sous ce nom les ondes qui, au lieu de se propager en tous sens, restent confinées dans un plan unique, tel un son qui se produirait entre deux murs très rapprochés, telle encore l'onde résultant d'un choc sur la tranche d'une plaque de bois; le son y reste laminé et l'oreille n'en perçoit rien au dehors.

La lumière que l'on oblige à rester aussi dans un plan est polarisée, et de même sont polarisées les ondes hertziennes que nous étudierons plus loin.

C'est par la considération de la Polarisation que Fresnel et, après lui, la science ont conclu à la transversalité de la lumière, et voici comment ils y ont été conduits.

Lorsque de la lumière naturelle tombe sur un cristal de spath d'Islande, par exemple, elle se divise en deux faisceaux dont l'un suit les lois de la réfraction ordinaire et dont l'autre est dit polarisé; ne considérons que ce dernier; si on le reçoit à son tour sur un second cristal de spath, de façon que les plans principaux soient parallèles, le rayon polarisé passe tout entier sans affaiblissement, si, au contraire, ce second cristal a son plan perpendiculaire au premier, le rayon ne passe plus, il est éteint.

Et alors voici le raisonnement tenu : si la lumière se propageait longitudinalement, le premier faisceau polarisé serait le même en tous sens; il se comporterait par suite comme la lumière naturelle supposée aussi vibrer longitudinalement; ce faisceau agirait dès lors sur un second cristal comme la lumière naturelle a agi sur le premier, il le traverserait quelle que fût sa direction.

Or il n'en est pas ainsi ; le rayon polarisé par un premier passage est profondément modifié; il n'est pas le même en tous sens, puisqu'il ne peut traverser que dans une direction; donc la lumière ne peut être engendrée par vibrations longitudinales; elle l'est donc par vibrations transversales : voilà la conclusion, quelque peu spécieuse, ce nous semble, pour ce qui concerne le rayon polarisé en particulier, et elle a été étendue à toutes les vibrations lumineuses en général.

Si l'on se reporte à la figure 32, le plan de polarisation apparaît donc comme le plan P perpendiculaire au rayon; les vibrations y rayonnent bien en tous sens, mais en restant dans le plan P.

Il est bien évident dans cette conception, que si à un faisceau polarisé P on présente le plan de polarisation d'un second cristal placé perpendiculairement, la lumière sera éteinte. « *On est* « *donc forcé d'admettre, dit M. Maneuvrier, comme une consé-* « *quence rigoureuse de cette expérience, que la lumière est le* « *résultat des vibrations transversales de l'éther.* »

C'est donc par la seule considération de la polarisation que Fresnel a conclu à la transversalité des ondulations lumineuses, et cette considération a entraîné une constitution tout à fait bizarre de l'éther : d'abord il a fallu donner à ce fluide une élasticité toute différente de celle des autres fluides, gazeux ou liquides, et l'éther serait une sorte de gelée, suivant la comparaison de lord Kelvin.

Aussi Laplace et Arago ont-ils traité le système des ondes transversales *d'absurdité mécanique.* Cependant, faute de mieux, Cauchy et Lamé et avec eux la science ont fini par admettre le système de Fresnel et, par suite, une élasticité spéciale pour l'éther lumineux.

Fresnel, il est vrai, a réussi à expliquer les phénomènes de la double réfraction et tous les autres phénomènes optiques par ses ondes transversales, mais Neumann les a expliqués tout aussi bien par les ondes longitudinales, de sorte que rien ne plaide en faveur de la théorie de Fresnel, en dehors du cas spécial de la double réfraction. Jamin et Bouty concluent ainsi dans leur *Traité de physique :* « *Nous devons nous borner à affir-* « *mer que l'hypothèse de Fresnel demeure jusqu'ici la plus* « *simple et la plus satisfaisante* des deux. » Or on a vu ce qui en était, tout au moins de la simplicité.

Notre explication de la lumière par ondes longitudinales, si on veut bien se reporter à la genèse que nous en avons donnée, rend parfaitement compte de la double réfraction.

D'après cette genèse, les ondes se produisent dans toutes les

directions, et un certain nombre seulement passent par un plan
donné; si donc par un moyen quelconque on ne recueille que
les ondes qui passent dans un plan, ces ondes ne pourront se
propager que dans un plan parallèle et seront complètement
arrêtées par un plan perpendiculaire au plan de polarisation.

Notre théorie est donc en accord avec celle de Neumann; elle
ne donne à l'éther que les propriétés dont jouissent les autres
fluides; elle explique les ondes lumineuses par les propriétés
de la matière; elle fournit enfin la clé des ondes dextrorsum et
sinistrorsum : la molécule accomplissant ses révolutions en
tout sens peut en effet, sans avoir à revenir sur ses pas, parcourir le même orbe dans les deux sens.

Il n'est pas inutile de faire remarquer que Newton lui-même,
qui, il est vrai, était partisan du système de l'émission, considé-
rait la polarisation comme une sorte de lamination de la lumière dans un plan.

Autant la théorie de Fresnel a eu de peine à s'implanter,
autant elle sera longue à détrôner, maintenant que la science
officielle l'a adoptée.

La seule chose qui puisse être affirmée actuellement, c'est
que la lumière se transmet par ondes.

Dans la polarisation naturelle, l'onde est circulaire dans un
milieu homogène, bien entendu; elle consiste en un cercle qui
va s'élargissant; la *propagation doit donc s'y faire en raison
inverse des distances* et non du carré des distances, comme dans
les ondes sphériques.

En ce qui concerne la lumière polarisée, qu'on veuille bien se
reporter à la figure 33 : en un dixième de seconde, la molécule
vibre 47 trillions de fois, que, par un moyen quelconque, naturel ou artificiel, on parvienne à recueillir les ondes qui vibrent
dans un plan donné, on aura de la lumière polarisée, et il suffira
que, sur les 477 trillions de vibrations de la lumière rouge, dix
seulement se produisent dans le plan envisagé pendant la durée
d'une seconde pour que l'œil éprouve la sensation d'une lumière
continue.

Dans la polarisation de la lumière à travers un cristal, une
partie seulement des ondes est utilisée, celles qui passent dans
le plan; les autres sont de nul effet; cette lumière est polarisée

artificiellement ; il n'en est pas de même des ondes hertziennes que nous examinerons plus loin ; celles-ci ne se produisent que dans un plan, elles sont polarisées naturellement.

Comme dans les ondulations sphériques, la vitesse de propagation de la lumière polarisée ne dépend que de la nature du milieu.

III. — ONDES CANALISÉES. — PROPAGATION DE L'ÉLECTRICITÉ DANS UN CONDUCTEUR

Dans un tube acoustique, chaque pression ou dépression provoquée à une extrémité, chaque son émis, se transmettent à l'autre extrémité, à la vitesse de l'onde dans l'air libre, soit 332 mètres par seconde, et on n'a pas eu un instant l'idée de prétendre que c'est l'air qui se meut avec cette vitesse, car alors il se déchaînerait dans le tube un véritable ouragan.

Si le tube est muni à ses deux extrémités d'un diaphragme qui emprisonne l'air, tout mouvement imprimé au premier se transmettra au second à la vitesse de 332 mètres ; s'il s'agissait d'un tuyau d'eau, cette vitesse de transmission serait de 1.437 mètres ; dans une pièce de bois, elle serait bien plus rapide encore.

Ici, théoriquement l'onde doit se transmettre sans affaiblissement, quelle que soit la distance, et, de fait, la voix s'entend à des distances considérables dans les tuyaux, le tictac d'une montre appliquée contre l'extrémité d'une pièce de bois se perçoit presque sans affaiblissement à l'autre extrémité.

Une expérience de cours rend parfaitement compte du mode

Fig. 34.

de propagation des ébranlements par les milieux élastiques en ligne droite : on aligne des billes, on en lance une en queue ; la bille lancée s'arrête net au contact de la bille B ; mais la bille de tête C s'élance, les billes intermédiaires ne bougent pas, ces billes représentent les molécules des corps : tout mouvement imprimé à la molécule de queue se transmet à la molécule de tête ; les molécules intermédiaires ont simplement transmis le choc en se comprimant et se dilatant tour à tour dans une imperceptible vibration.

Si, au lieu d'un tuyau d'eau ou d'air, nous avions un tuyau d'éther, les phénomènes seraient identiques ; seulement ici tout ébranlement à une extrémité se transmettrait à l'autre à la vitesse de 300.000 kilomètres par seconde, quelle que fût l'importance de l'ébranlement, pile, dynamo ou simple approche d'un aimant, un frôlement infime suffit créer une onde ; dans le téléphone primitif de Graham Bell, on peut assimiler le fil métallique à un tube rempli d'éther avec un diaphragme à chaque extrémité. On parle devant l'un des diaphragmes qui se met à vibrer, et les vibrations se transmettent à l'autre diaphragme avec une fidélité telle que la voix y est reproduite dans ses moindres intonations. C'est un vrai tube acoustique ; seulement ici la vitesse est de 300.000 kilomètres au lieu de 332 mètres par seconde ; dans le téléphone comme dans le tube acoustique, aucune énergie autre que la voix n'est mise en jeu.

Il en est de même dans les transmissions télégraphiques, chaque fois qu'on presse sur une lettre du transmetteur il se produit une faible poussée à l'autre extrémité du fil à la vitesse de l'onde ; on pourrait en faire autant avec un tuyau d'eau ; mais alors la vitesse de transmission serait infiniment moindre.

Il ne nous paraît pas douteux que la conduction nerveuse ou l'influx nerveux se produise de la même façon, un ébranlement à la périphérie du corps se propage le long du nerf par simple poussée ou pulsation. C'est ainsi qu'un corps chaud transmet ses vibrations aux cellules du cerveau qui fait office de récepteur.

Supposons un tuyau rempli d'eau ; dans ce tuyau des filaments légers attachés par une de leurs extrémités à la paroi; la première poussée fera avancer toute la masse, et la tête s'avancera de la même quantité (Voir l'expérience des billes).

Cette poussée suffira à orienter tous les filaments du tuyau, elle orienterait de même des turbines légèrement suspendues par leur centre.

C'est le même fait qui se produit dans un fil de cuivre, la première poussée oriente toutes les molécules et dès ce moment ces molécules orientées qui sont déjà pourvues de rotations naturelles, donneront lieu à un courant qui se propagera tout le long du circuit, et le courant se poursuivra tant que l'orientation sera maintenue; ce qui est surtout à retenir, c'est que, **dans un conducteur, le courant naît à la vitesse de l'onde** sans égard pour la vitesse du flux.

Il y a en effet deux choses à considérer dans un courant, l'onde qui se propage par l'éther contenu dans le conducteur, et le flux qui naît seulement là où il y a matière, et matière appropriée, c'est-à-dire susceptible d'orientation.

La vitesse de l'onde est toujours de 300.000 kilomètres par seconde, quelles que soient l'importance et la nature de l'ébranlement; quant au flux ou à la vitesse du courant ils sont quelconques.

C'est d'une façon identique que se produisent les lignes de force autour d'un réservoir statique; des ondes sphériques naissent autour du réservoir, lesquelles se propagent dans l'éther ambiant à la vitesse de 300.000 kilomètres par seconde, et ce sont ces ondes qui orientent les molécules de l'air et en font des lignes de force; c'est donc encore à cette vitesse que doit s'effectuer l'influence tant électrique que magnétique.

Les ondes éthérées de quelque nature qu'elles soient n'ont besoin que d'éther pour se propager; mais, pour qu'elles manifestent de l'énergie, il leur faut de la matière, car la molécule seule peut vibrer et propulser.

COUP D'ŒIL SUR LA GRAVITATION

Puisque les lois de la propagation des ondes sont les mêmes dans les tuyaux qu'au sein des milieux élastiques, puisque dans ces tuyaux les ondes ne s'affaiblissent que peu avec la distance, on conçoit qu'il est plus facile et plus pratique d'étudier les effets des ondes dans un tuyau qu'au sein d'une masse quelconque. C'est ainsi, pensons-nous, qu'on peut aborder expérimentalement l'étude de la gravitation.

Pour nous, la gravitation est due à l'onde produite par la rotation de la molécule, laquelle, ne l'oublions pas, est, d'après nous, de forme hélicoïdale. L'onde gravifique n'est autre chose que l'onde électrique qui prend naissance au début d'un courant et qui parcourt 300.000 kilomètres à la seconde; on peut vérifier le bien fondé de cette assertion de la manière suivante, et bien que mal outillé pour entreprendre des expériences, nous comptons bien réaliser celle-ci, eu égard à sa simplicité.

Mais auparavant insistons sur le caractère de réversibilité des ondes et sur leur délicatesse de transmission.

Nous avons vu dans le tuyau acoustique combien l'air transmet scrupuleusement les moindres intonations d'une voix, d'un orchestre, etc. Il en est de même dans le téléphone. S'agit-il de lumière, une molécule vibrant sur la lune transmettra à travers l'espace exactement sa vibration aux molécules terrestres, seulement affaiblie en raison inverse du carré de la distance; la preuve en est que nous recueillons des photographies de la lune d'une fidélité absolue.

Pour qu'il y ait transmission d'ondulation, il faut qu'il se trouve à l'arrivée une molécule ou atome semblable à celui du départ, et susceptible par suite de vibrer à son unisson.

Ceci dit, procédons à notre expérience. A l'extrémité d'un tube d'air, si nous poussons un piston, la pression fera naître une onde; mais, pour en obtenir de nouvelles sans faire avancer le piston indéfiniment, il nous faudra le faire revenir en arrière, et, ce mouvement de va-et-vient, de pression et de raréfaction successives entretiendra une succession d'ondes rythmées. Mais qu'adviendra-t-il si le piston est remplacé par une hélice tournant sur place, des ondes hélicoïdales ne prendront-elles pas naissance? Examinons ce cas.

Au fond d'un tuyau rempli d'air, fermé à une extrémité, faisons tourner une hélice dans le sens de la propulsion de l'air vers B, il ne pourra pas se produire de flux puisque le tuyau est fermé

Fig. 35.

par derrière, il pourra seulement se produire des ondes hélicoïdales. Ces ondes se produiront-elles? Toute la question est là.

Si, en un point quelconque B de ce tuyau, il se trouve une autre hélice semblable à la première, si cette hélice est fixe, mais bien suspendue, elle sera orientée par l'onde hélicoïdale dans le sens de la première; une même rotation lui sera imprimée, et cette turbine tournera à l'unisson de l'onde hélicoïdale, qui ne sera autre que celle produite par la poussée, première dans le courant électrique; voilà ce qui se passera si l'hélice B est fixe; mais si elle est mobile, alors, libre de se propulser elle avancera vers A en prenant son point d'appui dans l'air du tuyau.

Si cette expérience se réalise, ce qui est probable, pour nous le secret de la gravitation sera trouvé.

L'hélice fixe A sera une molécule de la terre, l'hélice mobile B sera une molécule de la lune; dans l'espace, l'affaiblissement se ferait tout simplement, en raison inverse du carré des distances, mais tout le reste serait semblable.

Remarquons et insistons bien sur ce point que l'onde gravifique ne doit être autre que l'onde électrique qui prend naissance au début d'un courant.

Les ondes émanées de la terre atteignant les molécules de la lune se bornent à les orienter vers la terre, cela fait, les molécules lunaires progressent elles-mêmes vers la terre en vertu de leur propre mouvement de rotation et en prenant leur point d'appui dans l'éther.

Ce qui empêche la lune de tomber sur la terre, c'est son mouvement de translation, qui transforme la chute en mouvement circulaire.

Comme pour la lumière et la chaleur, un milieu est donc nécessaire pour que la gravitation puisse s'exercer, et cette conséquence, qui n'a jamais été envisagée, fait rentrer la gravitation dans le cycle des autres énergies moléculaires.

Si ces vues ne sont pas erronées, la gravitation serait, comme l'électricité, le magnétisme, la cohésion, etc., une simple manifestation dynamique, une propriété de la matière, propriété résidant dans les mouvements des molécules.

ROLE DES ONDULATIONS VIS-A-VIS DE LA MATIÈRE

Ce sont les ondes sphériques qui règnent exclusivement dans l'univers, les ondes polarisées ne sont que des accidents presque toujours artificiellement provoqués par la main de l'homme.

Si on considère que chaque molécule de chacun des mondes qui peuplent l'espace émet au moins une onde et plus vraisemblablement plusieurs, on reste confondu devant l'immense quantité d'ondulations qui emplissent l'espace sans se détruire ou même se contrarier.

Mais examinons la façon dont naissent et se propagent ces ondes, nous trouverons dans l'ouvrage de Tyndall, *la Chaleur considérée comme mode de mouvement*, des vues et des enseignements précieux.

On sait que la lumière ne se produit que lorsque les molécules d'un corps vibrent à la fréquence de 477 trillions au moins par seconde ; on a alors la lumière rouge ; à 734 trillions on obtient le violet, et au delà plus de lumière. La lumière ne s'étend donc même pas sur une octave.

En deçà du rouge se trouvent les ondulations les plus chaudes, mais elles n'ont pas une étendue de beaucoup supérieure à la lumière, au-dessous de 100 trillions on ne découvre pas la moindre trace de chaleur et on ignore complètement le rôle des vibrations.

Au delà de 734 trillions, les ondes émises par les molécules ne sont ni chaudes ni lumineuses, mais elles possèdent une action chimique prononcée, ce sont elles qui interviennent dans la photographie ; plus loin encore nous ne connaissons non plus rien des ondes.

De même pour les ondes aériennes, nous ne les percevons qu'entre 32 et 73.000.

Toutes nos recherches, toutes nos connaissances portent sur ces ondes ainsi limitées.

C'est la fréquence qui constitue la lumière et la chaleur ; mais il y a en outre l'amplitude ; la molécule peut exécuter des vibrations ou révolutions d'une ampleur plus ou moins grande, c'est ce qui constitue leur amplitude ; si l'amplitude est faible, la couleur sera atténuée ; si elle est forte, la couleur sera brillante.

Il en est de même dans les rayons ou ondulations obscures, la chaleur pourra être très faible ou très élevée sans que le nombre des ondulations varie, c'est une simple question d'amplitude. C'est ainsi que la flamme d'hydrogène qui est obscure est cependant à une température de 3.259° ; l'amplitude y est énorme (Tyndall).

TRANSPARENCE ET OPACITÉ

Les ondulations de l'espace qui ont été émises par de la matière ne se révèlent que lorsqu'elles rencontrent de la matière susceptible de vibrer à leur unisson ; c'est ainsi que, tout proche du soleil la température est celle de l'espace interstellaire, soit — 273°, mais qu'il s'y rencontre un peu de matière, et cette matière deviendra incandescente, si du moins elle est appropriée.

Mais que signifie que la matière doit être appropriée? cela veut dire que ses molécules doivent pouvoir vibrer à l'unisson des ondes ; nous allons en comprendre la raison.

Dans un salon où se trouve un piano, si on émet une note, une seule corde du piano résonnera ; un diapason vibrant émet un certain nombre d'ondulations par seconde; il ne vibrera donc que si, à côté de lui, un instrument produit ce même nombre de vibrations, c'est-à-dire s'il est en accord avec lui. Les ondes provenant d'un autre diapason non accordé traverseront le premier sans l'intéresser et par conséquent sans le faire vibrer.

Un atome simple ne peut vibrer, n'étant fixé à rien ; par conséquent les gaz monoatomiques seront incapables d'arrêter la moindre ondulation ; ils se laisseront traverser sans être éclairés ni même échauffés; c'est ainsi que se conduit l'air, composé d'un mélange d'oxygène et d'azote, gaz monoatomiques tous les deux, du moins d'après Tyndall. Si l'air parvient à s'échauffer, c'est grâce à la vapeur d'eau et à l'acide carbonique qu'il contient, gaz tous les deux triatomiques.

Dans une chambre où tous les volets sont fermés, perçons une ouverture, un rayon solaire pénétrera ; si l'air était débarrassé de toute impureté, nous n'apercevrions rien ; ce sont les poussières seules en suspension qui nous rendront ce rayon perceptible. Dans un tunnel où règne la plus complète obscurité, qu'un flocon de fumée vienne à flotter devant la portière, et nous apercevrons sur lui le reflet du jour.

Les corps solides se comportent de même, et ici les différences sont bien plus tranchées ; le sel gemme laisse passer intégralement la lumière et la chaleur rayonnante, autrement dit il est transparent pour la chaleur et pour la lumière ; une plaque de métal, au contraire, arrête la lumière et la chaleur. Pourquoi en est-il ainsi? parce que les molécules de sel gemme ne pouvant pas vibrer à l'unisson des rayons solaires, les ondulations traversent ces molécules sans les intéresser, tandis que les molécules du métal vibrent à l'unisson de ces ondes et par suite s'échauffent.

Transparent est donc, selon les expressions mêmes de Tyndall synonyme de désaccord, et opaque est synonyme d'accord.

Ces vues, nettement dégagées par Tyndall, nous aident à comprendre l'action des ondes électriques sur les corps. L'onde électrique traverse le verre parce qu'elle ne parvient pas à orienter ses molécules ou les oriente mal ; elle est par contre arrêtée par un métal, parce que les molécules de ce métal sont orientées et tournent à l'unisson de l'onde.

Comme pour la lumière et la chaleur, en électricité, transparent est synonyme de désaccord et opaque synonyme d'accord ; les corps bons conducteurs de l'électricité sont opaques et les mauvais conducteurs sont transparents. Bien plus, l'ordre de conductibilité est le même pour la chaleur que pour l'électricité, les rotations suivant le sort des révolutions, et nous avons en effet reconnu dans l'étude de la constitution de la matière qu'il y avait entre les divers mouvements de la molécule une corrélation étroite.

De même que pour la chaleur et pour la lumière, l'onde gravifique émanée de la matière a besoin de matière pour se manifester. Supposons le soleil seul dans l'espace : rien ne révélerait qu'il possède une puissance d'attraction, cette puissance serait à l'état latent ; mais plaçons en face de lui la terre, et la terre sera attirée ; comme, de son côté, elle attirera le soleil, l'énergie gravifique se sera révélée.

Il en serait de même d'un corps chargé d'électricité. Seul il ne manifestera rien, mais qu'on vienne à approcher un autre corps et il l'attirera en même temps qu'il sera attiré lui-même.

RÉFRACTION ET DISPERSION DE LA LUMIÈRE

Toutes les ondes lumineuses se transmettent à travers l'éther à la même vitesse de 300.000 kilomètres par seconde ; mais cette vitesse est retardée lorsque les ondes traversent un corps transparent, parce que l'éther y est plus dense, et nous savons en effet que les molécules solides sont entourées d'une atmosphère d'éther très active.

Dans leur passage à travers un corps transparent, le verre par exemple, les ondes sont d'autant plus retardées ou *réfractées* que leur fréquence est plus faible. Dans la lumière ce sont les rayons rouges qui sont les plus réfractés, puis viennent, en suivant, les rayons orangés, jaunes, verts, bleus, indigos, enfin les rayons violets qui le sont le moins.

La réfraction ne change d'ailleurs pas pour ces rayons le nombre de leurs vibrations par seconde ; elle raccourcit seulement la longueur de leurs ondes ; c'est dire que la couleur ne change pas.

Le retard lors du passage à travers le verre, produit une déviation ou une *réfraction* du rayon lumineux, réfraction qui varie suivant la fréquence ; de là vient que, dans le passage à travers un prisme, toutes les ondulations qui, à l'entrée, étaient confondues en une lumière blanche, s'étalent en éventail à la sortie ; à cet instant, chaque onde reprend son individualité, qui se manifeste par une couleur différente, autrement dit par une manière différente d'impressionner la rétine.

Par un passage dans un deuxième prisme, les rayons se disperseraient ou s'étaleraient encore davantage.

Les couleurs du spectre visible ne constituent pas tout le spectre : au-delà du violet, on rencontre les rayons qui jouissent de la plus grande activité chimique, et en deçà du rouge se rencontrent les rayons les plus chauds, et tous ces rayons ou ondes sont inégalement dispersés.

Le prisme de verre sépare et analyse donc les ondes suivant leur fréquence ; on peut suivre l'effet de ces radiations en chauffant une barre de fer, et cette expérience banale sera pour nous pleine d'enseignements.

Le fer à la température ordinaire émet toutes les radiations inférieures ; mais ces radiations, étant en équilibre avec le milieu ambiant, passent inaperçues. A ce propos il ne faudrait pas supposer que ce que nous considérons comme le zéro absolu — 273° centigrades fut le point de départ des vibrations, c'est seulement l'origine des vibrations calorifiques qui commencent à environ 100 trillions ; c'est donc ce chiffre qui correspond au zéro absolu de température ; mais toutes ondulations inférieures doivent subsister avec leur propriété de dispersion, par conséquent, puisque celle-ci ne tient qu'à la fréquence.

Mais revenons à notre barreau de fer, et commençons à le chauffer. A un certain moment la lumière apparaîtra sous forme de rouge sombre, puis de rouge vif; mais, en continuant à chauffer, on ne voit pas apparaître les couleurs suivantes : orangé, jaune, etc. Pourquoi ? cela tient à ce fait signalé par Kirchoff, que lorsqu'on chauffe un corps, ce corps continue à émettre toutes les ondulations antérieures considérablement exaltées ; aussi, lorsqu'on atteint les ondulations concernant le jaune, la lueur du fer apparaît orangée, mélange du jaune et du rouge.

Cependant on peut retrouver les deux couleurs composantes en faisant passer la lumière émise par le fer à travers un prisme ; on reconnaît alors le rouge, l'orangé et le jaune ; en deçà du rouge, on retrouve les rayons obscurs calorifiques, bien plus chauds qu'auparavant, et au-delà du jaune, rien.

Poursuivant le chauffage, on arrive au rouge blanc. A ce moment la lumière décomposée par le prisme étale les sept couleurs, dont le mélange à l'entrée donnait la sensation de la lumière blanche ; au-delà du violet, rien ; mais en deçà du rouge, les rayons calorifiques sont 122 fois plus puissants qu'au début du rouge.

Chauffons toujours : le blanc devient de plus en plus éblouissant ; le spectre montre des colorations beaucoup plus vives que précédemment, et, au-delà du violet, apparaissent cette fois des radiations chimiques à ondes plus courtes, lesquelles agissent dans la photographie en décomposant les sels d'argent.

Spectroscopie. — Mais si, en continuant à chauffer le fer, on arrive à le réduire en vapeur, alors il n'y a plus de spectre continu, mais seulement certaines radiations fixes ; on obtient par exemple ce résultat en plaçant du fer ou un sel de fer dans une flamme à température très élevée.

Au moment où le métal est réduit à l'état de gaz, il prend en effet des propriétés nouvelles ; nous avons vu, en effet, en traitant de la constitution cinétique de la matière, à l'article *Echauffement des gaz*, que les gaz monoatomiques n'étaient susceptibles de recevoir ni chaleur ni lumière, ni, par suite, de modifier leur nombre de vibrations; il en ressort que leur atome libéré de toute attache émet un nombre de vibrations invariable, et produit par suite une couleur toujours la même dans le spectroscope. Cependant peut-on objecter, l'atome de fer placé dans une flamme très chaude doit, quoique gazeux, avoir une température très élevée et il est inexact de prétendre que le nombre de vibrations qu'il présente est toujours le même; il y a là une illusion; pour élever l'eau à l'ébullition il faut, il est vrai, porter sa température à 100°; mais la vapeur d'eau n'a pas pour cela 100°, et on la rencontre dans l'air à la température zéro; la glace elle-même émet de la vapeur; et cependant la vapeur d'eau est triatomique et peut s'échauffer, tandis que la vapeur d'un métal qui est monoatomique ne peut recevoir de chaleur. La spectroscopie ne peut donc s'appliquer qu'à des vapeurs monoatomiques et ne peut révéler que les atomes des corps, ceux des métaux en particulier.

Chaque métal émet ainsi des radiations particulières qui produisent des couleurs différentes et occupent toujours la même place dans le spectre de dispersion : ainsi le sodium émet deux raies jaunes dont les ondes ont respectivement une largeur de $0^{mm},00039053$ et $0^{mm},00038989$; l'intervalle qui les sépare est par conséquent très petit, et leur couleur tient précisément à cette longueur d'onde. Le potassium donne deux raies, l'une rouge, l'autre violette; le thallium émet une raie verte remarquable.

La Physique, la Chimie et surtout l'Astronomie ont tiré un merveilleux parti de cette propriété de dispersion de la lumière. C'est ainsi qu'on a. par le moyen du spectroscope, découvert six nouveaux métaux, et l'Astronomie a pu analyser la lumière du soleil et des étoiles et reconnaître ainsi les corps dont ils étaient formés; et c'est merveille que de notre terre nous puissions ainsi étudier la chimie des corps célestes.

L'étude des phénomènes calorifiques et lumineux et, en particulier, ceux de la dispersion sont de puissants moyens pour arriver à la connaissance intime de la constitution de la matière.

On est littéralement émerveillé de la précision rencontrée dans tous les phénomènes qui ont pour siège l'éther : ainsi l'onde émise par un atome de radium émet et émettra toujours deux raies jaunes qui toujours occuperont la même place dans le spectre de dispersion, cela est dû à l'extrême élasticité de l'éther, qui recueille fidèlement tous les mouvements que lui confie la matière et les transmet avec la même fidélité.

C'est ainsi que les photographies de la lune, par exemple, en reproduisent les plus minutieux détails, et les lacunes qu'elles présentent, ne peuvent être attribuées qu'à l'imperfection de nos instruments ou à celle de nos produits ; cependant avant d'atteindre l'objectif, par combien d'ondes les ondes lunaires n'ont-elles pas été traversées ; on est confondu de l'ordre qui règne dans ce chaos.

Dans l'intervalle qui sépare la transmission de la reception que devient l'énergie ? La chaleur met huit minutes pour se rendre du soleil à la terre ; dans ces huit minutes, l'énergie est restée confinée dans l'onde éthérée ; l'éther a, il est vrai, une faible inertie ; mais il la rachète par une énorme vitesse de propagation ; ce qui le rend susceptible d'emmagasiner une énergie sensible.

L'espace éthéré est donc un immense réservoir d'énergie où viennent puiser les mondes en formation et s'éteindre ceux en décadence.

IMPORTANCE DES ONDES DANS L'UNIVERS

Pour nous rendre compte de la quantité infinie d'ondulations qui traversent l'espace, considérons un simple coin de cet espace, celui par exemple occupé par le foyer d'un objectif ; dirigeons cet objectif vers le soleil, les ondulations qui le traversent étant dispersées par un spectroscope nous montreront une énorme quantité d'ondulations composantes.

Dirigeons l'objectif vers Sirius, nous obtiendrons un autre spectre ; chaque étoile nous enverra ainsi le sien, et chacune des ondulations émises viendra passer dans le faible espace occupé par le foyer sans altérer en rien la pureté des ondes concurrentes ou être altérées par elles, or le soleil et chacune des étoiles interrogées envoient des ondes par trillions.

Si un poste de télégraphie sans fil se trouve à proximité de notre objectif et qu'à la place de cet objectif on mette un radio-conducteur, on recueillera des ondes hertziennes, on recueillera de même des rayons Rœntgen, des ondes sonores, les lignes de force émanées d'un aimant ou d'un corps électrisé, les ondes gravifiques, etc.; et c'est par milliards de milliards, que nous pourrons compter les ondes qui passeront par le point infiniment petit de l'espace que nous avons choisi.

Quel sujet merveilleux pour un penseur, et bien au-dessus de tout ce que peut rêver la plus audacieuse fiction. Telles ondes, recueillies par le spectroscope sont parties, il y a cent ans, de leur étoile d'origine; elles ont sans relâche cheminé à raison de 300.000 kilomètres par seconde, et si nous savions les interroger d'une façon assez délicate et assez subtile, elles nous montreraient, par exemple, les péripéties d'un combat livré il y a un siècle à leur surface. A s'enfoncer dans ces profondeurs, l'esprit reste anéanti.

Tel un prestidigitateur, qui semble cueillir dans l'espace les objets les plus divers en donnant l'illusion de la réalité, tel un savant recueillera en un point quelconque de cet espace, mais cette fois réellement, les énergies les plus diverses, bien que cet espace semble vide et inerte, il lui suffit pour cela de se servir de récepteurs appropriés à chaque nature d'ondes.

Que nous parvenions à créer de nouveaux récepteurs, et nous arriverons à la connaissance d'ondulations nouvelles; ainsi disparaîtra le mystère qui voile encore une foule de manifestations naturelles sans cause apparente : manifestations psychiques, télépathiques, etc...

Un cerveau est composé d'une énorme quantité de cellules. que, par un effort puissant de volonté, ces cellules viennent à s'orienter, comme le font celles d'un aimant, sous une contrainte appropriée, qu'y a-t-il de déraisonnable à admettre que, comme cet aimant, les cellules émettront un flux d'éther allant influencer à distance les cellules d'un cerveau semblable situé dans sa direction.

ÉQUILIBRE DES ÉNERGIES MOLÉCULAIRES

Chaque onde qui s'éloigne d'un corps céleste et d'un corps quelconque en général emporte à tout jamais une partie de l'énergie de ce corps. Il se fait ainsi dans l'espace un échange continuel d'énergie entre les corps qui en possèdent plus et ceux qui en possèdent moins : ainsi un corps chaud en échauffe un plus froid, et un équilibre de température tend à s'établir entre tous les corps de l'univers.

Cet équilibre d'énergie sans cesse poursuivi et jamais atteint est ce qui constitue la vie de l'univers, et de même que pour les corps vivants, si cet équilibre pouvait être réalisé ce serait pour lui la mort. .

Cette question d'équilibre entre les divers ondulations a une importance qu'on ne soupçonne pas, et c'est pourquoi nous nous y arrêterons un instant.

Dans un appartement bien clos, toutes les molécules se mettent à la même température, c'est-à-dire mettent leurs vibrations à l'unisson. Introduisons dans cette chambre un morceau de fer, refroidissons-le par un moyen quelconque, le milieu ambiant le réchauffera et le remettra à son unisson, et nous aurons beau enlever à ce morceau de fer de nouvelle chaleur, toujours cette chaleur lui sera restituée.

Les phénomènes calorifiques nous sont trop familiers pour que ce que nous venons d'avancer soit contesté.

Il est cependant un point qui manque d'évidence : lorsque l'équilibre est atteint dans la chambre ci-dessus considérée, les corps continuent-il à rayonner? il a été reconnu que les radiations se poursuivent tout comme dans le cas de déséquilibration; c'est la théorie des échanges de Prévost.

Donc, pour la chaleur, il n'y a pas la moindre contestation possible, l'équilibre s'établit entre tous les corps placés dans un même espace; mais le même équilibre ne peut-il et ne doit-il pas s'établir en ce qui concerne les autres formes d'énergie ?

Considérons un aimant, il soulève un poids. Je le lui arrache, et ainsi indéfiniment; dans cet exercice, cet aimant dépense bien de l'énergie; il en dépense bien encore lorsqu'il produit sans se lasser des courants induits, et cependant cet aimant ne s'affaiblit pas, toute l'énergie qu'on lui soutire lui est donc restituée par le milieu extérieur qui le replace sans cesse en équilibre. Mais alors, dira-t-on, c'est le mouvement perpétuel; nullement, car l'énergie restituée par le milieu ambiant est simplement l'équivalent de celle qu'il avait fallu dépenser pour la soutirer à l'aimant.

D'OU PROVIENT L'ÉNERGIE ÉMISE PAR LE RADIUM

Nous ne pouvons nous dispenser, puisqu'il s'agit de radiations, de dire nous aussi quelques mots du radium, le roi du jour. Dans un article du *Bulletin de la Société des Ingénieurs civils*, de février 1903, M. Paul Besson a calculé qu'un gramme de radium dégage en un an 870 grandes calories ou une énergie suffisante pour élever 870 kilogrammes à 125 mètres de hauteur, et le radium peut émettre cette énergie indéfiniment ou à peu près.

Rutherford, de son côté, a trouvé que ce même gramme de radium peut développer en totalité, dans le cours de son existence, une énergie capable d'élever un million de kilogrammes ou 100 wagons en pleine charge à 125 mètres de hauteur.

Le radium émet des radiations, c'est incontestable. Dans ces radiations, on a trouvé de tout, de l'électricité, du magnétisme, des rayons cathodiques, des rayons Rœntgen, etc... Si on avait connu d'autres rayons, on les y aurait certainement trouvés. De plus, à l'encontre des autres corps dont la chimie n'a pas pu réussir à décomposer l'atome, le radium serait un corps à trans-

formation : ainsi Ramsay a calculé que le radium se transforme
en hélium en douze cents ans mais ; d'après J.-J. Thomson et
Rutherford, le radium proviendrait lui-même de l'uranium, et
M. de Launay raconte (*Nature* du 6 mai 1905) que l'uranium
met dix trillions d'années pour effectuer cette transformation, on
a bien lu : dix trillions ; il est vrai que M. de Launay ajoute qu'il a
fallu, pour obtenir ce résultat, se livrer à des expériences très
délicates.

Si le radium eût été connu depuis longtemps et que l'aimant
fût de découverte récente, on ne manquerait pas de trouver en
ce dernier et à plus juste titre les qualités merveilleuses qu'une
trop longue habitude lui a fait perdre à nos yeux.

Mais examinons plus attentivement ce qui en est de l'énergie
produite par le radium.

Supposons que dans un vaste réservoir de cuivre rempli d'eau,
on introduise à demeure un vase de cuivre de la contenance

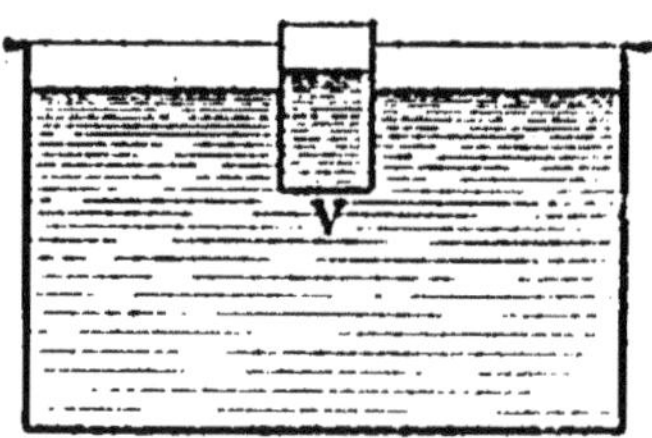

Fig. 37.

d'un litre, rempli d'eau également et supposons cette eau à
une température de 20° par exemple, celle de l'air ambiant.

Dans le vase V j'introduis un flacon de cuivre contenant de
la glace à 0° ; celle-ci fond, je retire le flacon, je le vide et j'y introduis de nouvelle glace, etc... ; mon litre d'eau pourra ainsi fondre
25 kilogrammes de glace par jour, c'est-à-dire fournir 2.000 calories et en un an 730.000, c'est-à-dire qu'un gramme d'eau aura
transmis 730 calories ; c'est à peu de chose près ce qu'a évalué
M. Besson pour un gramme de radium ; or notre litre d'eau est
capable de continuer cet effort indéfiniment, et cela sans s'affaiblir,
ou si du moins il s'affaiblit, quelques instants de repos lui suf-
firont pour se remettre ; or ce repos même a été reconnu néces-

saire à plusieurs substances radio-actives elles se fatiguent par
un exercice trop violent ou trop prolongé.

D'où est provenue l'énergie qui a fondu notre glace, nul ne
prétendra qu'elle été fournie par le litre d'eau. Cette énergie est
venue de l'extérieur; le litre d'eau n'a été que le point de passage,
l'intermédiaire, et il suffisait d'abaisser sa température, c'est-à-
dire de la déséquilibrer d'avec le milieu ambiant, pour sollici-
ter l'afflux de cette énergie extérieure.

Qu'offre de plus le radium et pourquoi l'énergie qu'il dépense
ne lui viendrait-elle pas aussi de l'extérieur; cette opinion n'est
pas seulement la nôtre, c'est aussi celle de M. et Mme Curie et
celle de Lord Kelvin.

Pour nous, le radium est une sorte d'aimant; ses molécules
délicatement suspendues doivent s'orienter à la manière
de gyroscopes, comme le font les molécules de fer sous la seule
influence de la rotation de la terre; dès lors ces molécules
orientées, aspirent et propulsent dans la même direction.

Ce qui paraît démontrer la vérité de cette assertion, c'est qu'on
a effectivement découvert dans les radiations du radium des
rayons positifs et des rayons négatifs, faisant à n'en pas douter
partie d'une circulation extérieure, à la manière des lignes de
force d'un aimant.

Il y a bien un point par lequel le radium diffère de l'aimant,
sa température est de 1°,5 au-dessus de la température ambiante,
mais cela même n'est pas inexplicable.

En introduisant un morceau de chaux ou de platine dans la
flamme obscure de l'hydrogène, on obtient une lumière éblouis-
sante, des vibrations obscures se sont transformées en vibrations lumineuses d'une fréquence de beaucoup supérieure; c'est
ce que Tyndall a appelé la *calorescence*.

De même des corps dits *fluorescents*, tels que le sulfure de
calcium, restent lumineux dans l'obscurité et dépensent ainsi
en vibrations d'une très faible amplitude, mais de grande fréquence, des vibrations plus énergiques accumulées pendant leur
exposition à la lumière. Pourquoi le radium n'accumulerait-il
pas de même des vibrations obscures dont il élèverait non pas
la fréquence, mais l'amplitude, c'est-à-dire la chaleur.

LA GRAVITÉ SE DÉPENSE-T-ELLE COMME LES AUTRES ÉNERGIES

Nul ne conteste que le soleil disperse sa chaleur dans l'espace mais le soleil possède une autre énergie qui est l'énergie gravifique ; celle-ci se dépense-t-elle comme la chaleur, et l'équilibre qui tend à s'établir entre la température des divers corps de l'espace, ne doit-elle pas se produire aussi en ce qui concerne leurs radiations gravifiques, c'est notre intime conviction.

Pour nous convaincre de cette nécessité, nous n'avons qu'à considérer le phénomène des marées : le soleil et la lune, en soulevant les eaux de la mer, ne font-ils pas manifestement preuve d'énergie. Or la gravitation serait-elle seule affranchie de la loi de conservation de l'énergie ?

En outre nous remarquons que la gravitation suit la loi d'affaiblissement du carré des distances ; elle doit donc comme la chaleur se propager par ondes sphériques.

Il paraît incontestable que, transmettant son énergie gravitative, tout corps doit avec le temps perdre celle qu'il possède, au même titre que son énergie calorifique. Mais si cette conclusion nous paraît évidente, nous devons constater que tous les savants, même les plus hardis, commes Hœckel, sont d'une opinion contraire.

La science actuelle, dans sa généralité, considère la puissance gravifique d'un corps céleste ou sa *masse* comme indestructible ; elle admet que le soleil éteint conservera à jamais sous sa dépendance les planètes qui actuellement gravitent autour de lui, et le monde solaire qui est né ne mourra pas ou plutôt son cadavre subsitera toujours, opinion antiphilosophique s'il en fut.

ÉNERGIE TERRESTRE

Si la gravitation et la chaleur se dépensent, quelle en peut être la conséquence vis-à-vis de la terre ?

Les énergies naturelles qui règnent à la surface de notre planète ; toutes celles qu'utilise notre industrie, proviennent de la chaleur solaire. En effet, l'homme vit en ce moment sur les réserves de houille, qui ne sont autre chose que de la chaleur solaire accumulée pendant des milliers de siècles ; il utilise les vents créés par des inégalités de température, il capte les chutes d'eau qui proviennent de l'évaporation produite sur de grandes surfaces terrestres.

Nous utilisons donc actuellement de la chaleur solaire accumulée par le temps ou réunie en un point unique par les accidents de la surface terrestre ; mais, au taux de 800 millions de tonnes, consommation annuelle des dernières années, la terre aura tôt fait d'épuiser ses réserves de houille ; il ne lui restera plus alors que les chutes d'eau, à moins que l'homme ne trouve le moyen de condenser et d'accumuler de la chaleur solaire comme il accumule et condense de l'électricité.

Cependant la puissance gravifique rayonnée dans l'espace par la lune et le soleil, qu'en faisons-nous ? Rien ; nous avons, à Granville et à Saint-Malo, des marées de $6^m,50$ de hauteur, produisant une dénivellation de 13 mètres, et nous avons tout le long de nos côtes de l'Atlantique une source intarissable d'énergie qui ne demande qu'à être recueillie et transportée.

De ce qui précède il résulte ce fait étrange que **notre monde ne tire aucune énergie de son propre fonds, mais la reçoit tout entière des mondes qui l'entourent,** du soleil principalement ; les autres planètes se comportent comme la terre.

Le monde animé tire aussi son énergie du soleil ; les animaux, en effet, se nourrissent de végétaux, et ceux-ci sont le fruit de la chaleur solaire, de telle sorte que **l'homme peut se prétendre à juste titre fils de la terre par les matériaux qui forment son corps, et fils du soleil par l'énergie ou la vie qui l'anime.**

Mais ce n'est pas l'homme seul qui tire son énergie du soleil, c'est tout ce qui s'agite autour de lui, ce sont ces trains de chemin de fer qui sillonnent la surface de la terre grâce à la houille, émanation de la chaleur solaire ; ce sont tous les travaux nés de l'industrie humaine ; cette maison qui s'élève tire bien ses matériaux de la terre ; mais la forme qui les anime, le travail qu'il a fallu déployer pour les élever et les mettre en place proviennent de l'énergie de l'homme, c'est-à-dire du soleil.

PLACE DE L'HOMME DANS L'UNIVERS

Il n'est pas sans intérêt de rechercher quelle est la place qu'occupe l'homme dans cet univers au sein duquel il se trouve noyé.

L'homme, plongé dans un milieu sans cesse parcouru par d'innombrables ondulations, est organisé de façon à les percevoir ; sans oreille il ne connaîtrait pas les ondulations de l'air, sans yeux il ne percevrait pas la lumière et s'il ne possédait pas le sens du toucher, il n'aurait pas la notion de la chaleur. Enlevez à l'homme ces trois sens, que lui restera-t-il ? ce sera un organisme informe, presque un végétal.

Ce sont donc les ondulations sonores et éthérées des milieux dans lesquels il vit qui ont façonné l'homme et, s'il est vrai que c'est la fonction qui crée l'organe, on peut affirmer que c'est l'onde sonore qui a créé l'oreille et l'onde lumineuse qui a créé l'œil.

Ces organes cependant, malgré leur admirable perfection, ne sont aptes à percevoir qu'une faible partie des vibrations de l'espace : ainsi l'homme ne connaît des ondes aériennes que celles comprises entre 32 et 73.000 par seconde ; de son côté l'œil n'est sensible qu'aux ondulations de l'éther, qui vont de 477 trillions à 734 trillions par seconde ; même dans ces limites, nous ne voyons pas les corps de très petites dimensions, et de ce chef nous échappe encore la connaissance de tout un monde d'infiniment petits, le plus nombreux et le plus intéressant peut-être.

De leur côté les ondulations calorifiques qui affectent notre sens du toucher ne sont pas perçues au-dessous de 100 trillions.

C'est dans ces très étroites limites que nous connaissons l'univers, la majeure partie nous en est cachée. Dans ces limites, nous connaissons les trois états de la matière, solide, liquide et gazeux, nous pouvons détruire la cohésion et passer ainsi de l'état solide à l'état liquide et de l'état liquide à l'état gazeux; nous arrivons à dissocier les molécules des gaz; nous détruisons même l'affinité, mais nous ne pouvons réussir à dissocier l'atome chimique.

Et quand nous disons que nous connaissons trois états de la matière, c'est par simple approximation, car nous ignorons tout de leurs qualités et des phénomènes dont ils sont le siège.

L'atome peut-il être dissocié par des vibrations inférieures à 477 trillions ou supérieures à 734 trillions? en un mot existe-t-il un quatrième état de la matière, dont nous soupçonnons l'existence et dont tout nous démontre la nécessité ?

Par des moyens détournés nous sommes parvenus à empiéter légèrement sur le domaine soustrait à nos sens; ainsi le thermomètre nous révèle des vibrations ou ondulations inférieures à 477 trillions; le radio-conducteur de Branly nous permet de recueillir dans l'espace des ondes hertziennes, même très affaiblies, et les produits photographiques nous révèlent des ondes dont la fréquence est supérieure à 734 trillions.

La fluorescence de certains sels nous dévoile les rayons Rœntgen qui traversent les corps opaques ; chaque jour enfin on découvre par des procédés ingénieux de nouvelles radiations, rayons N, rayons Becquerel, rayons cathodiques, etc., et chacune de ces découvertes nous plonge dans l'effarement, confinés que nous sommes dans nos perceptions étroites, et néanmoins convaincus que nous sommes organisés pour tout percevoir et tout comprendre.

D'autre part, nous avons pu ajouter à la puissance de notre œil en créant le microscope qui nous permet de voir et d'étudier une partie du monde des infiniment petits, mais sans nous permettre toutefois d'atteindre à la molécule; le télescope enfin nous révèle les détails des corps célestes en les rapprochant.

Du coin de l'espace où nous sommes perdus, nous avons même pu obtenir ce résultat merveilleux de connaître la composition des corps célestes, il nous a suffi pour cela de passer au crible les diverses ondulations lumineuses réfractées par un prisme de verre; c'est ainsi que nous avons pu constater que ces corps ne contiennent pas d'autres éléments que ceux qui composent la terre, ce qui indique qu'ils ont tous eu la même genèse.

Combien de mystères seraient expliqués par les ondulations si nous pouvions toutes les percevoir, les phénomènes psychiques entre autres. Pourquoi par exemple un amas de cellules vivantes vibrant à l'unisson et orientées dans une même direction n'émettraient-elles pas des ondes? Et pourquoi à travers l'espace ces ondes n'iraient-elles pas influencer des cellules de même espèce? Mais arrêtons-nous sur ce terrain brûlant.

Il y a cependant une conclusion à tirer, le monde vivant s'est fait par évolution. A partir de la cellule, première manifestation vitale à nous connue; le milieu ambiant n'a cessé d'agir et par l'influence persistante de ses ondes, il a créé des organes spéciaux de perception, l'oreille pour les ondes sonores, l'œil pour les ondes lumineuses, et le toucher pour les ondes calorifiques. Ces organes à leur tour créaient parallèlement, le cerveau, centre de perception, et le système nerveux destiné à relier la périphérie au centre, la sensation à la perception.

L'évolution est-elle terminée sur la terre? nous ne le pensons pas, vu le faible nombre d'ondulations dont nous avons conscience eu égard au nombre de celles qui existent.

De tous les sens l'œil est celui qui nous procure les sensations les plus nombreuses et aussi les plus profondes, c'est par conséquent lui qui a le plus contribué à développer notre cerveau; c'est par l'œil seul que nous avons jour sur le monde extérieur, c'est dans les yeux que nous regardons les animaux, et c'est dans les yeux qu'ils nous regardent pour connaître notre pensée.

Selon toute vraisemblance, nos organes des sens s'affineront, ils étendront leur compétence, parce que le milieu extérieur est là qui les y sollicite sans cesse.

N'oublions pas que la terre est une des planètes les plus tardivement détachées du soleil, la vie n'est apparue à sa surface qu'à une époque relativement récente, et l'homme lui-même, d'après les recherches paléontologiques, est un être presque nouveau, puisqu'il ne date d'une façon certaine que de l'époque quaternaire.

Lord Kelvin suppose que la croûte terrestre a commencé à se former il y a deux cent millions d'années et que la vie a fait son apparition depuis environ cent millions, dont cinquante pour les animaux mous, sans squelette, n'ayant par conséquent laissé aucune trace fossile, et cinquante depuis l'apparition des premiers vertébrés, les poissons.

Depuis cette époque, d'après les fossiles justement appelés les archives du monde vivant, la paléontologie a pu suivre les traces de l'évolution des êtres.

Cette durée de cent millions d'années admise, on peut déduire, d'après l'importance relative des couches sédimentaires, le temps que chacune d'elles a mis à se former et l'on trouve que la période quarternaire qui a vu apparaître l'homme, n'a pas eu une durée supérieure à 700.000 ans.

Poursuivant l'évolution, Hœckel estime que le langage humain articulé ne date pas de plus de cent mille années.

Enfin l'homme civilisé, celui-là seul qui mérite le nom d'homme par sa puissance psychique, est non pas d'hier, mais d'aujourd'hui, puisque les premières civilisations ne remontent pas à plus de dix mille ans et qu'une partie même de la terre est encore habitée par des hommes à l'état sauvage.

Ne peut-on dès lors supposer avec toute vraisemblance que les êtres supérieurs qui peuplent les planètes les plus anciennement détachées du soleil, celles où les conditions de la vie sont depuis longtemps réalisées, telles que Mars ou Jupiter, ne peut-on supposer, que ces êtres ayant subi une longue évolution sont parvenus à un degré supérieur d'organisation et d'intelligence.

Pour eux d'ailleurs comme pour l'homme ce sont les ondulations qui ont dû créer les sens et par suite l'organe central qui perçoit, compare et raisonne.

On peut donc conclure que chez l'homme le milieu ondulatoire continuant son action d'une manière incessante, le domaine des sens s'étendra et par suite celui de l'intelligence, laquelle n'existe que par les sens ; alors bien des problèmes aujourd'hui insolubles recevront leur solution.

Puisque ce sont les ondulations de l'éther qui ont en grande partie créé nos sens, puisque ce sont ces mêmes ondulations qui parcourent l'espace, est-il téméraire de penser que les organes de perception de tous les êtres de l'univers qui sont nés sous les mêmes influences sont analogues aux nôtres et que par suite leurs cerveaux sont aptes à comprendre les mêmes vérités.

LA LUMIÈRE EXISTE-T-ELLE

Cette question surprendra sans doute plus d'un de nos lecteurs, et nous les surprendrons encore bien davantage en affirmant que la lumière n'existe pas. Qu'on veuille bien nous faire quelque crédit et on sera vite convaincu de la vérité de cette assertion.

Dans le système de l'émission de Newton, la question ci-dessus se résoudrait par l'affirmative, puisque la lumière consisterait en particules matérielles lancées par les corps lumineux dans l'espace ; l'œil ne ferait alors que saisir quelques-unes de ces particules au passage ; mais le système de Newton a vécu, et il n'y a plus aujourd'hui, de l'avis de tous, que des ondulations.

Au début de ce chapitre, nous avons montré que c'est surtout à l'œil et à l'oreille que l'homme doit la place qu'il occupe dans l'univers ; or la lumière, nous l'avons indiqué, résulte de la simple impression sur la rétine, d'ondulations éthérées comprises entre 477 trillions et 734 trillions par seconde ; en deçà et au delà, la rétine n'est pas impressionnée, pas plus qu'un diapason qui, réglé pour un nombre donné de vibrations, ne saurait vibrer pour une quantité moindre ou supérieure.

Supposons que dans le ciel n'existent que des soleils émettant moins de 477 trillions de vibrations, et nous vivrions dans l'obscurité ; ce cas se réalise lorsque, pendant une nuit sans lune, les étoiles sont obscurcies par les nuages, nous sommes alors de véritables aveugles ; à ce moment faisons éclater une allumette et de la lumière apparaîtra ; l'allumette a-t-elle donc créé de la lumière ? nullement, elle a seulement créé des ondulations d'atomes d'une fréquence déterminée, des ondulations susceptibles d'impressionner notre rétine.

Notre œil pourrait tout aussi bien être organisé pour ne percevoir, par exemple, que les vibrations comprises entre cent et deux cent trillions, et c'est alors dans ces limites qu'existerait pour nous la lumière.

La lumière n'est donc que relative à notre organisation, et ce qui est lumière pour nous est sans doute ténèbres pour des êtres autrement organisés, et inversement, tel le hibou qui ne voit bien que la nuit.

Qu'à la rétine survienne une lésion, et la perception sera abolie partiellement ou en totalité; ce dernier cas se présente chez certaines personnes affectées de daltonisme, lesquelles ne peuvent percevoir que certaines couleurs; dont par conséquent la rétine n'est sensible qu'à un nombre restreint d'ondulations.

Que le daltonien ne perçoive que 477 à 500 trillions de vibrations par seconde, et il ne verra que du rouge; un degré de moins et il ne verra plus rien; il sera aveugle.

Lorsque le livre de la Genèse raconte donc que Dieu, après avoir créé le monde, créa la lumière, la Genèse commet une erreur; la lumière n'exista que lorsque apparurent des êtres vivants pourvus d'un organe spécial.

Le son n'existe pas plus que la lumière; il existe seulement des vibrations de l'air; mais, à défaut d'une oreille organisée pour les percevoir, il n'y aurait dans l'univers que silence, comme il n'y avait déjà que ténèbres.

Théorie de la lumière de Maxwell. — C'est ici le lieu de jeter un coup d'œil sur la théorie si fort en vogue de Maxwell, qui assimile les ondes électriques aux ondes lumineuses. Tout d'abord nous ferons remarquer qu'en fait d'ondes électriques nous ne connaissons que les ondes hertziennes.

L'univers, nous le savons, est parcouru par une multitude d'ondes vibratoires, dont la fréquence seule varie depuis zéro jusqu'à une limite inconnue, mais incalculable; de zéro à 477 trillions, c'est-à-dire dans un espace immense, ces ondes ne produisent aucun effet sur la rétine; au delà seulement elles l'impressionnent en donnant à notre cerveau la sensation de la lumière.

Or que sont les ondes hertziennes? des ondes dont la fré-

quence est inférieure à 477 trillions; ce n'est donc qu'à des
ondes bien plus lentes que l'on pourrait assimiler les ondes
de Hertz; mais cette assimilation est-elle vraisemblable? nous
ne le pensons pas.

L'onde électrique en effet jouit de propriétés d'influence,
d'orientation, d'attraction, etc., que ne possèdent à aucun
degré les ondes lumineuses et calorifiques; il est vrai que l'on
prétend que ce n'est pas là une difficulté, car les ondes ont des
propriétés différentes suivant leur fréquence; ainsi, dit-on, les
ondes sont calorifiques à une certaine fréquence, lumineuses
à une fréquence supérieure, pourquoi à un degré moindre ne
seraient-elles pas électriques?

Nous protestons contre ces déductions : si certaines ondes
sont calorifiques et d'autres lumineuses, cela tient simplement
à notre organisation, à ce que nous percevons certaines ondes
et pas d'autres; mais, considérées en elles-mêmes, toutes les
ondes vibratoires de l'éther se comportent de même, et pas
plus là qu'ailleurs la nature ne fait de saut.

Enfin, autre objection. Les ondes hertziennes sont polarisées
naturellement dans un plan, tandis que les ondes lumineuses
sont naturellement sphériques, comme nous le verrons en
étudiant plus loin les ondes hertziennes.

Il reste donc le principal argument, à savoir que la vitesse
des ondes hertziennes et celle de la propagation électrique en
général est la même que celle des ondes lumineuses; mais cet
argument est encore sans valeur; toutes les ondes produites
dans l'éther, de quelque nature qu'elles soient, doivent en effet
avoir même vitesse, puisque la vitesse d'une onde dépend
non de sa forme, mais seulement de l'élasticité et de la densité
du milieu de transmission qui est ici l'éther.

Les ondes électriques, suivant nous, ne sont pas dues à la
vibration moléculaire, elles sont provoquées par un autre mouvement qui est la rotation de la molécule.

CHAMPS ÉLECTRO-MAGNÉTIQUES AUTOUR DES COURANTS

CINQUIÈME PARTIE

CHAMPS ÉLECTRO-MAGNÉTIQUES
AUTOUR DES COURANTS

ASSIMILATION D'UN CONDUCTEUR ÉLECTRIQUE AVEC UNE TIGE EN ROTATION

Un point paraît établir une différence essentielle entre les courants électriques et les courants liquides et gazeux, c'est que les premiers produisent des champs dits électromagnétiques dans le milieu qui les entoure, champs dont l'action est considérable, tandis que les courants hydrauliques ou pneumatiques ne produisent rien de semblable.

« Les faits de cet ordre n'ont, cela est évident, dit Lodge, « pas d'analogues dans l'hydraulique », et, dans son *Électricité mise à la portée de tout le monde*, M. Claude énonce la même chose en termes presque identiques.

En 1902, lorsque nous avons fait paraître un ouvrage sur la *Cause du Magnétisme et de l'Électricité*, nous n'avions pas la moindre idée de la façon dont pouvaient se produire les champs autour des courants. Depuis, la réflexion nous a amené à découvrir la genèse de ces champs, qui ne sont autres qu'une conséquence de la rotation des molécules.

On sait que lorsqu'on fait traverser une feuille de papier placée horizontalement, par un fil siège d'un courant, si on répand sur ce papier de la limaille de fer, elle se distribue en cercles concentriques allant s'affaiblissant avec la distance.

Considérons un conducteur réduit à sa plus simple expression, à savoir une file de molécules alignées, car, dans un courant, nous avons admis avec Maxwelll que les molécules sont orientées dans le sens du fil, et tout montre qu'il en est ainsi.

Que va-t-il se passer lorsque les molécules vont tourner dans l'éther, c'est ce qu'il s'agit d'examiner.

Les molécules alignées bout à bout et en rotation dans l'éther, qui constituent un courant élémentaire, ne sont autre chose qu'une tige élémentaire tournant rapidement dans l'éther. Examinons donc par analogie ce que produira une tige en rotation dans un des fluides qui nous sont familiers, liquides ou gaz.

En conséquence, faisons tourner rapidement dans l'eau une tige de fer verticale, et examinons attentivement ce qui va se passer : nous voyons l'eau entraînée de proche en proche dans un mouvement circulaire, les premiers anneaux ayant la vitesse de rotation de la tige, mais cette vitesse allant s'affaiblissant avec la distance.

Si la rotation change de sens, le champ se retourne, comme se retourne le spectre de limaille autour d'un conducteur, lorsqu'on change le sens du courant.

Cette vue est féconde en conséquences, et permet d'expliquer *tous* les phénomènes électro-magnétiques, les solénoïdes, l'induction, les ondes hertziennes, etc. Or, c'est l'analogie seule, et une analogie que rien ne pouvait faire prévoir en dehors de notre hypothèse, qui nous a suggéré l'idée de cette expérience.

Les champs hydrauliques obtenus par la rotation de tiges verticales sont tellement identiques aux champs électromagnétiques, que nous reproduisons tout simplement ces derniers, empruntés à l'ouvrage de M. Lebois, en les accompagnant des descriptions tirées des expériences hydrauliques.

REPRODUCTION HYDRAULIQUE DES CHAMPS MAGNÉTIQUES

Champ produit par deux courants parallèles et de sens contraires. — En faisant tourner en sens contraires et à mille tours à la minute deux tiges distantes de 0ᵐ,12, nous avons obtenu les tourbillons ci-contre ; les filets tourbillonnent en

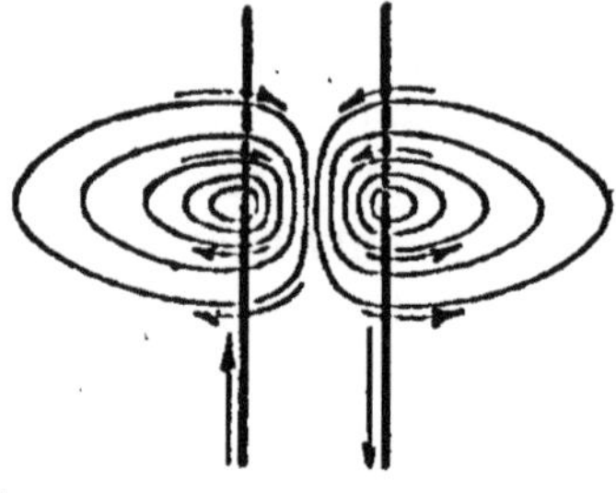

Fɪɢ. 38.

sens contraires, et s'applatissent au regard des tiges, exerçant entre eux une pression manifeste qui tend à les éloigner ; ce champ est celui qui existe entre deux courants parallèles et de sens contraire, lesquels tendent eux aussi à se repousser.

Champ produit par deux courants parallèles et de même sens. — Si les tiges tournent dans le même sens, les premiers filets d'eau restent concentriques, ou plutôt s'allongent

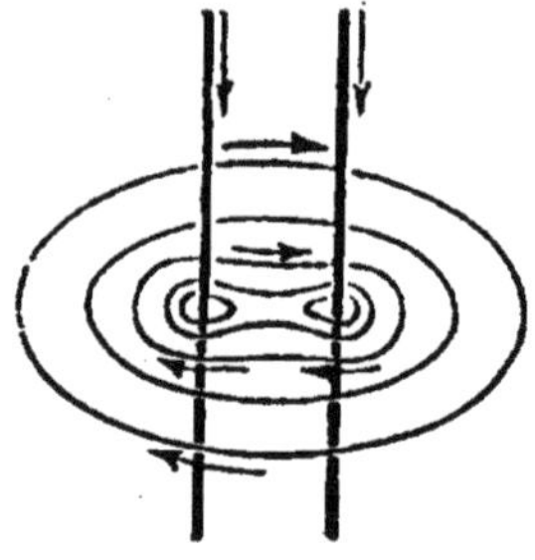

Fɪɢ. 39.

l'un vers l'autre, comme s'ils s'aspiraient mutuellement, puis ils finissent par se confondre.

Ce champ est encore la reproduction absolue de celui qui existe autour de deux courants parallèles et de même sens, et l'on sait que de pareils courants s'attirent.

Courants dirigés dans le même sens. — Attraction.
— Il suffit d'incliner les barres, il y a attraction.

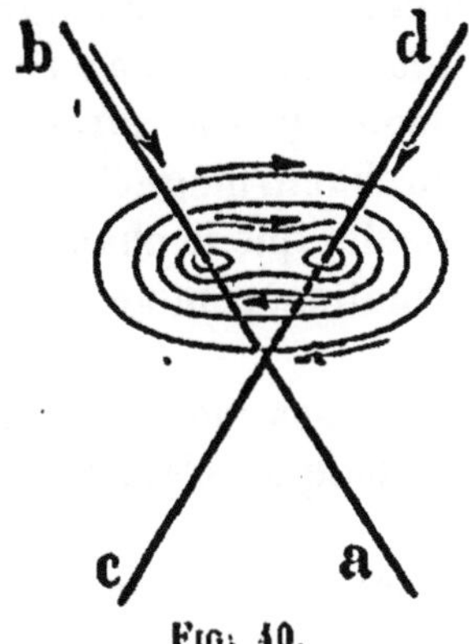

Fig. 40.

Courants dirigés en sens contraire. — Répulsion. —
Dans les lignes de force magnétiques comme dans celles élec-

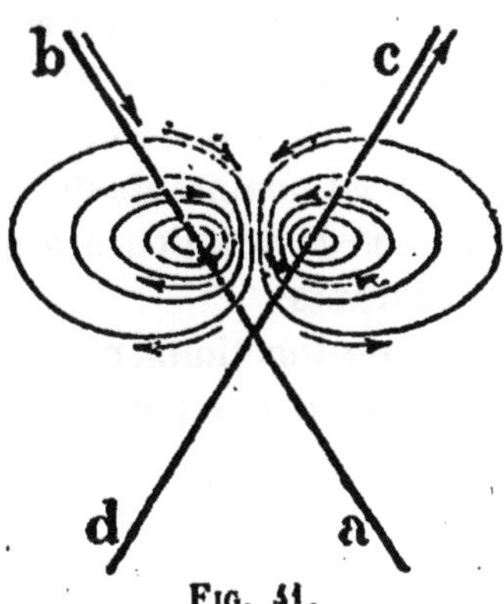

Fig. 41.

tromagnétiques, le tourbillon d'éther se borne, à orienter les molécules de l'air et celles du fer, mais il ne les entraîne pas avec lui.

A part cette ressemblance, ces deux sortes de lignes de force diffèrent sur tous les autres points. Ainsi, dans la ligne de force magnétique produite par les aimants, c'est l'éther même qui sort de l'aimant qui circule au dehors, et rentre dans l'aimant; la tension varie en chacun des points du parcours tant au dedans qu'au dehors, et elle change même de sens au milieu de la ligne de force.

La ligne de force électromagnétique, au contraire, a la même tension en tous ses points, c'est une ligne de force équipotentielle, et l'éther qui la constitue n'a rien de commun avec celui qui parcourt le fil, lequel y reste étroitement confiné.

Autre différence, le champ magnétique produit des attractions et des répulsions, tandis que le champ électromagnétique n'a qu'un pouvoir d'orientation, comme l'indique d'ailleurs la forme de ses lignes.

C'est la rotation seule des molécules du conducteur qui crée le champ électromagnétique; c'est leur faculté de propulsion qui crée le courant.

Deux tiges tournant dans le même sens composent leur champ en un seul; comme nous l'avons vu. En règle générale, lorsque plusieurs champs se composent en un seul, il y a attraction, ils se repoussent au contraire, lorsque, quel que soit leur rapprochement, ils restent indépendants.

Au lieu de deux tiges, faisons-en tourner trois, quatre, etc., dans le même sens, le tourbillon résultant se composera en un seul ; d'où suit que le tourbillon ou champ circulaire d'un courant sera proportionnel au nombre de files, c'est-à-dire à la section du fil et à la vitesse de rotation des molécules, autrement dit à l'intensité des courants.

Voici alors le mode de fonctionnement d'un courant : En un point du circuit se produit une poussée, cette poussée donne naissance à une onde qui se propage à la vitesse de 300.000 kilomètres par seconde, et oriente sur son passage toutes les molécules en files parallèles; cette orientation est donc presque instantanée.

Les files de molécules ainsi alignées, animées déjà de rotations rapides, fournissent un faisceau de courants élémentaires, et chaque ligne de ce faisceau est entourée d'un champ circulaire d'éther qui se compose avec les autres pour n'en former qu'un seul autour du fil conducteur.

Ces expériences nous paraissent démontrer de manière indiscutable que les champs sont produits d'une façon mécanique, qu'il existe dans l'espace une troisième sorte de fluide très subtil, que nos sens sont incapables de nous révéler, mais qui se comporte comme les fluides connus ; elle nous fait saisir enfin le procédé mécanique de leur production, et, par suite, la cause du magnétisme et des courants.

L'explication que nous venons de fournir des courants, la reproduction intégrale de leurs champs au moyen de l'eau sont une présomption suffisante en faveur de notre hypothèse de la molécule propulsive ; cependant nous n'avons pas avec l'eau, pu reproduire les phénomènes d'orientation. Pour y arriver, procédons dans l'air, comme nous l'avons fait pour le magnétisme, au moyen de ventilateurs.

ORIENTATION MÉCANIQUE DE L'AIGUILLE AIMANTÉE
PAR RAPPORT A UN COURANT

L'aiguille aimantée se met en croix avec un courant, est-il possible de réaliser cette expérience par des moyens mécaniques ?

Le courant, avons-nous dit, est engendré par des molécules alignées tournant rapidement, le flux aspiré et propulsé restant dans l'intérieur du fil conducteur ; à l'extérieur, la rotation des molécules produit un champ circulaire analogue à celui produit dans l'eau ou dans l'air par la rotation d'une tige.

Entrons dans une usine, et considérons un arbre tournant ou mieux prenons un volant, qui peut être considéré comme une tranche du courant ou même comme une simple molécule.

Que voyons-nous, le volant entraîne avec lui une atmosphère d'air ; les premières couches possèdent ou à peu près la vitesse du volant, les couches sus-jacentes ont des vitesses inférieures ; en un mot, le souffle produit par le volant ira s'atténuant avec la distance, mais chaque ligne circulaire sera équipotentielle.

Voici produit notre champ circulaire électromagnétique, prenons maintenant une aiguille aimantée élémentaire composée d'une seule molécule ; nous avons supposé cette molécule propulsive, prenons donc une aile de ventilateur, celle-là même

qui nous a servi dans nos expériences sur le magnétisme, et
qui en a si bien expliqué toutes les propriétés.

Suspendons ce ventilateur la tête en bas, au-dessus du volant,
et pour plus de simplicité, ne figurons dans le croquis que la
partie essentielle, la turbine avec un support rudimentaire.

L'aile du ventilateur s'oriente dans le sens du courant d'air
produit par le volant, c'est-à-dire que son axe se met en croix

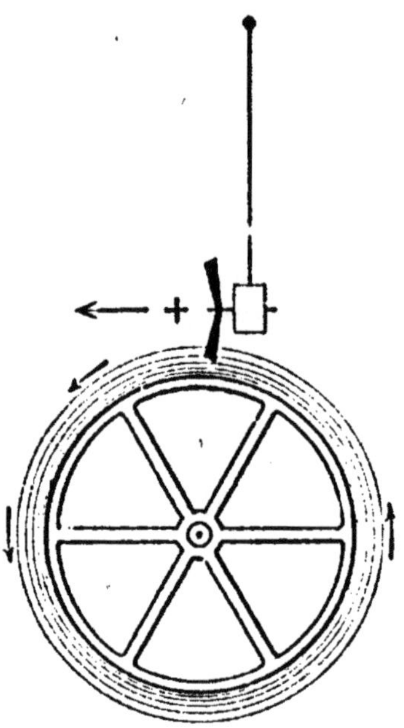

Fig. 42.

avec l'axe du volant, tout comme l'aiguille aimantée se met en
croix avec le courant électrique.

Est-il quelque chose de plus simple? cette expérience nous
montre la cause de l'orientation de l'aiguille aimantée, c'est le
champ circulaire du courant produit par l'éther qui souffle dans
le sens de la propulsion de la turbine-aimant; dans le magnétisme et l'électricité, c'est, en effet, l'éther infiniment subtil qui
est le fluide de la molécule, infiniment petit elle-même de la
matière.

Suivant que la turbine est au-dessus ou au-dessous du volant,
elle s'oriente dans un sens ou dans l'autre, comme le fait égale-

nient l'aiguille aimantée par rapport à un courant; et cette différence d'orientation aux extrémités d'un même diamètre, est la preuve de la rotation du champ, ces positions sont des positions stables, si on retournait la turbine à contre-sens du volant, elle serait immédiatement retournée, elle était donc en position instable.

Recherchons, dans ces deux positions, quel est le fantôme produit, et, pour cela, revenons aux tiges et hélices qui nous ont si bien servi pour créer les fantômes magnétiques dans l'eau.

Dans la position stable, la tige de fer en rotation dans l'eau qui représente le courant tourne dans un sens, et la turbine propulse dans le même sens; le fantôme se trouve dès lors celui ci-dessous.

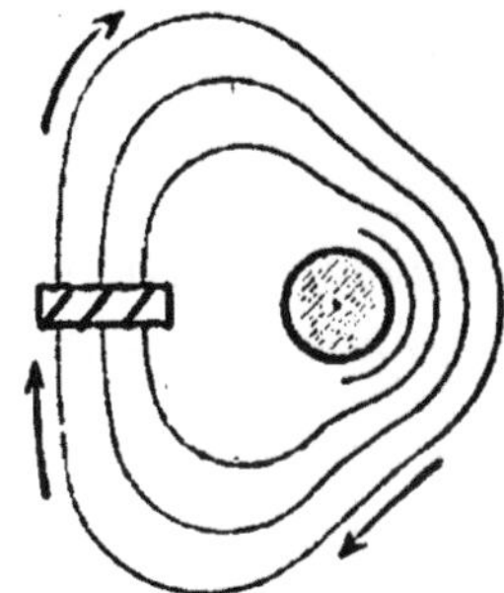

Fig. 43.

Dans la position instable, la turbine propulse dans le sens

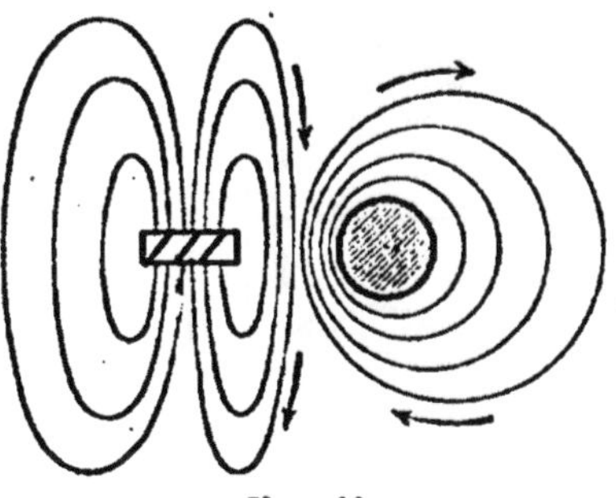

Fig. 44.

contraire, et les filets d'eau se contrarient et se repoussent visiblement.

Ces deux fantômes représentent exactement ceux obtenus

avec un courant et une aiguille aimantée dans les positions indiquées (*Manuel d'Électricité industrielle*, par Tainturier).

APERÇU SUR L'INDUCTION

Dans l'expérience ci-dessus du volant et du ventilateur, le volant en rotation a orienté la turbine mobile ; mais, à son tour, la turbine orienterait le volant par son souffle. Nous avions dans notre expérience pris un volant de 1ᵐ,20 de diamètre environ pour obtenir un champ d'air énergique ; dans notre nouvelle expérience, nous prendrons un petit volant.

Nous nous sommes procuré un ventilateur semblable au précédent, mais dans lequel nous avons fait remplacer la turbine par une petite poulie ayant même diamètre que le ventilateur, soit 0ᵐ,15 et 0ᵐ,04 de largeur, ce sera notre volant.

Suspendons cette poulie à un point fixe par le moyen d'une

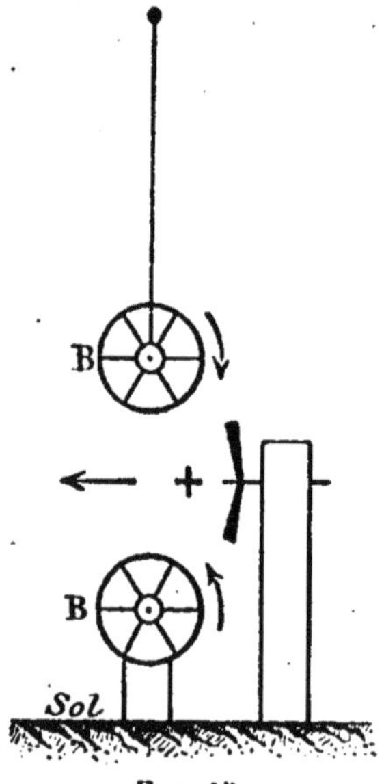

Fig. 45.

ficelle, de façon qu'elle puisse s'orienter (nous supprimons le support qui contient le mouvement d'horlogerie) ; au-dessous et un peu à côté plaçons la turbine du ventilateur posée fixement.

Cela fait montons les mouvements d'horlogerie, et déclenchons ; la turbine, en insufflant l'air, orientera le volant dans un sens ou dans l'autre, suivant qu'elle sera située au dessus ou au dessous ; ceci va nous fournir la clef des courants d'induction.

Un fil conducteur est composé d'une série de turbines orientées, agissant à la façon de poulies et non de ventilateurs puisque leur flux reste enfermé dans le fil ; nos volants nous représenteront donc les molécules d'un courant ; si nous approchons vivement d'elles le flux d'un aimant A dans une situation perpendiculaire, toutes les molécules B de la surface s'orienteront et, par suite, propulseront dans un sens et aspireront dans l'autre, car, répétons-le sans cesse, les molécules sont, de par leur constitution même, pourvues de mouvements de rotation.

Si le fil influencé se trouvait en dessous, le sens du courant induit serait inverse ; si le pôle influent au lieu du positif était le pôle négatif, il agirait par aspiration, et les courants induits seraient inverses de ceux précédents.

Le courant induit est instantané, car il est dû aux deux éléments, souffle de l'aimant et vitesse de rapprochement ; un seul de ces éléments ne suffirait pas à produire la force vive nécessaire.

Bien entendu le courant induit obtenu dans ces conditions est très faible, et, dans la pratique, on fait agir l'aimant sur une grande longeur de fil enroulé en hélice ; nous étudierons plus loin la genèse des courants induits dans une pareille hélice.

ORIENTATION MÉCANIQUE D'UN COURANT MOBILE PAR RAPPORT A UN COURANT FIXE

Soient deux courants parallèles et de même sens, leurs molécules sont parallèles ; considérons deux de ces molécules situées en regard l'une de l'autre ; elles ne pourront s'influencer réciproquement que par leurs champs circulaires, puisque les

flux restent confinés à l'intérieur des fils ; ces molécules en rotation agiront donc l'une sur l'autre comme le feraient deux petits
volants dans des situations semblables.

Dans le but d'obtenir un champ circulaire puissant, choisis-

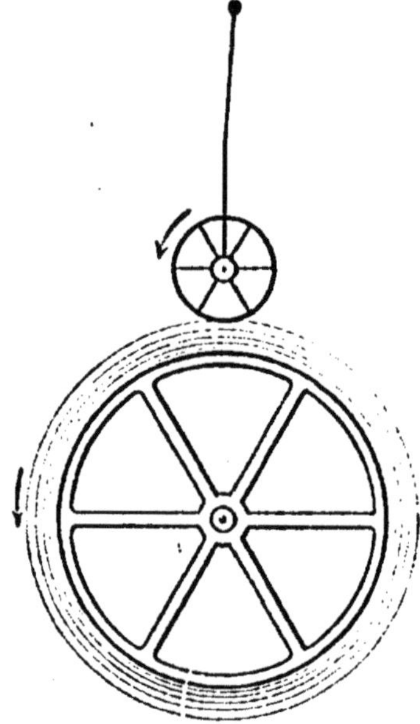

Fig. 46.

sons dans une usine un volant en rotation d'assez fort diamètre,
au dessus suspendons par une ficelle la petite poulie automatique qui nous a servi dans l'expérience précédente ; cette
petite poulie étant mise en mouvement, on la voit se placer
dans la direction du volant et tourner dans le même sens que lui ;
c'est cette position parallèle et de même sens qui est la position
stable.

Chaque molécule d'un courant fixe agira de même vis-à-vis
de la molécule d'un courant mobile qui lui fait face ; par conséquent le courant mobile viendra se placer parallèlement au
courant fixe et dans le même sens que lui.

Nous avons, plus haut, exposé la forme des champs produits
dans les cas de courants de même sens et de sens contraires,
en faisant tourner dans l'eau des barres verticales dans le
même sens et en sens contraires.

Nous insisterons sur ce point que, dans les influences entre molécules, la molécule de l'aimant agit pas son flux, c'est-à-dire dans le sens desa longueur, tandis que dans le courant elle agit pas son champ rotatoire, c'est-à-dire dans le sens transversal, et ces effets, en apparence contradictoires, sont une justification nouvelle de notre conception, car ils sont nécessités par les conditions mêmes de l'expérience. Dans les courants, en effet, l'effet du flux est insensible, puisqu'il reste confiné dans le fil; dès lors la molécule ne peut agir au dehors que par sa rotation, non par sa propulsion.

GYROSCOPE ET AIGUILLE AIMANTÉE

En réalisant l'expérience précédente, on est tenté de se demander si elle n'est pas la démonstration mécanique de l'orientation du gyroscope de Foucault dans l'axe de la terre; il n'en est rien.

Il y a bien d'un côté la terre en rotation, et de l'autre un tore en rotation; mais, dans le gyroscope, le tore est placé sur la terre et participe à son mouvement; nous avons expliqué clairement, pensons-nous, à l'article *Magnétisme terrestre et gyroscope*, la cause de l'orientation du gyroscope.

Soit ce gyroscope G placé sur la terre, EE' l'équateur ou un

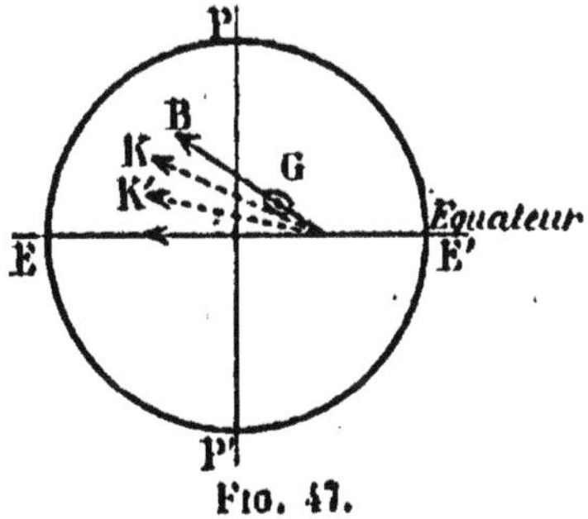

Fig. 47.

parallèle terrestre. Supposons que le gyroscope tourne obliquement à l'équateur, il se trouve alors animé dans l'espace de deux mouvements, un mouvement de translation suivant EE' et un mouvement de rotation dans le sens oblique considéré ; dès lors le gyroscope tend à se mouvoir suivant la résultante K.

Voici donc le gyroscope rapproché du plan de rotation terrestre, la terre continuant à tourner dans son même plan, le gyroscope viendra se placer suivant une nouvelle résultante K' et ainsi de suite jusqu'à ce qu'il vienne tourner exactement dans le plan de la rotation de la terre elle-même ; alors l'axe du gyroscope se sera placé dans la direction de l'axe terrestre.

Dans une aiguille aimantée, les molécules du fer sont dirigées suivant la longueur ; elles tournent toutes dans le même sens ; chacune d'elles est donc un véritable gyroscope qui tend à venir tourner dans le sens de la rotation terrestre. L'axe commun des molécules orientées, qui est la direction de l'aiguille aimantée, viendra donc se placer suivant l'axe terrestre.

Considérations diverses. — Les champs et les phénomènes d'influence qui sont sous leur action, dépendent de toute évidence de la nature du milieu diélectrique interposé entre les corps influents et influencés.

Pour créer le champ, un courant fait une dépense d'énergie qui retarde son établissement ; ce qui constitue un des phénomènes de la self-induction ; après quoi la ligne de force se suffit à elle-même, car les molécules du diélectrique propulsent pour leur propre compte, animées qu'elles sont d'un mouvement de rotation naturel ; il ne faut plus alors pour leur entretien d'autre énergie que celle nécessaire au maintien de leur orientation.

Maxwell prétend que, dans un circuit, l'énergie ne suit pas le conducteur, mais suit le champ électromagnétique. Ainsi, dans une exploitation de tramway à trolley, l'énergie serait transmise par le champ qui entoure le fil, c'est-à-dire l'air, et non par le courant, bien que le trolley reste sans cesse au contact du fil ; malgré son invraisemblance, cette hypothèse, eu égard à la notoriété de son auteur, a été adoptée de la plupart des savants.

Pour nous, esprit simpliste, l'énergie du courant réside dans le fil conducteur lui-même, et elle est emmagasinée dans les molécules animées d'une rotation plus ou moins rapide.

———————

FIGURATION MÉCANIQUE D'UN COURANT ÉLECTRIQUE AU MOYEN DE TURBINES

SIXIÈME PARTIE

FIGURATION MÉCANIQUE D'UN COURANT ÉLECTRIQUE AU MOYEN DE TURBINES

Nous avons, par la construction d'un aimant mécanique au moyen de turbines, réalisé dans l'air tous les phénomènes présentés par le magnétisme ; faisons de même dans l'air la synthèse mécanique d'un courant, toujours par le moyen de turbines, qui sont nos molécules à nous ; de cette façon nous aurons résumé en quelques pages, tout le magnétisme et toute l'électrodynamique ; en même temps nous aurons rendu sensibles les champs et les flux qui, jusqu'ici, étaient restés muets et impénétrables.

A ce courant ainsi réalisé présentons l'aimant artificiel imaginé en traitant du magnétisme, et cet aimant mécanique viendra se mettre en croix avec le courant en présentant l'un ou l'autre pôle, suivant qu'il sera en dessus ou en dessous du courant.

Supposons une succession de volants isolés, mais formant un circuit fermé ; ces volants sont tous animés d'un même mouvement de rotation automatique par le moyen d'un ressort d'horlogerie ; ils sont donc autonomes comme les molécules matérielles, isolées en tous sens et pourvues de rotation ; ces volants en rotation formeront un champ circulaire d'air composé de lignes équipotentielles, mais allant en s'affaiblissant, comme cela se passe dans le champ électromagnétique formé par l'éther autour des courants électriques.

Si les rayons du volant sont droits, l'air intérieur compris
entre les bras tournera simplement; et nous n'aurons réussi
à obtenir qu'un champ circulaire, mais si ces rayons sont
tordus en forme d'aile de moulin à vent, alors chaque volant

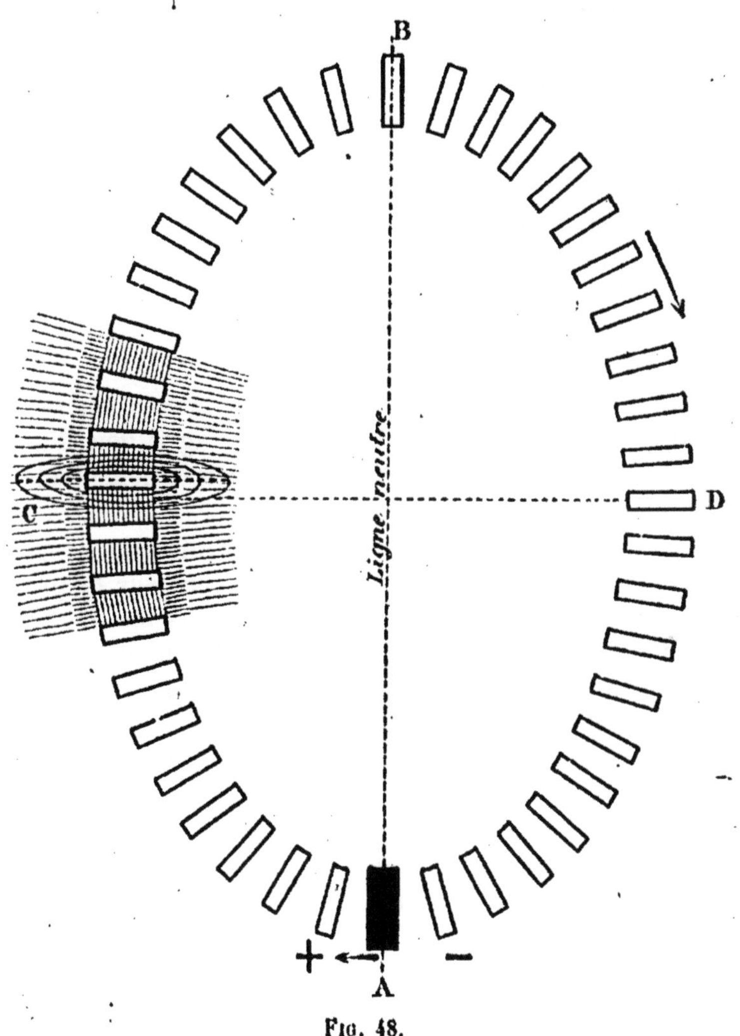

Fig. 48.

devenu turbine propulsera l'air qu'il contient, et aspirera celui
de la turbine qui le précède; il y aura courant.

Voici bien réalisé notre courant électrique avec son champ

circulaire composé de lignes équipotentielles que nous pouvons bien appeler électromagnétique.

Si les turbines-molécules tournaient naturellement chacune pour son propre compte en restant orientées, le courant serait le même sur tout son parcours : c'est le cas d'un anneau d'acier aimanté; chaque molécule y propulse et aspire, et elles agissent toutes de la même manière.

Mais nous avons affaire à un courant électrique, et il faut en un point A une contrainte. Supposons cette contrainte sous la forme d'une turbine motrice, cette turbine, en propulsant, oriente les turbines situées devant elle, et, en aspirant, elle oriente celles situées en arrière, en même temps elle imprime à toutes une rotation commune; cette rotation commune, pour des turbines semblables, est une nécessité inéluctable, puisqu'il faut que chacune débite la même quantité d'air; or c'est la rotation qui fait le débit.

Comme le champ circulaire dépend de la rotation seule, on retrouve le principe que **le champ électromagnétique d'un courant tant électrique que pneumatique est proportionnel à la seule intensité du courant.**

On peut donc se représenter notre courant actionné par une turbine motrice, comme poussé par derrière sur la première moitié du pacours et tiré par devant sur l'autre moitié. Le point milieu du circuit sera donc le dernier mis en mouvement, et c'est ce qu'avait reconnu Wheatstone pour le courant électrique.

La poussée initiale produite par la turbine motrice A est analogue à celle qui se produit dans un tuyau acoustique, lorsqu'on parle à l'une de ses extrémités ou qu'au moyen d'un piston on en comprime la tête, la vitesse de transmission est celle de l'onde sonore, soit 332 mètres par seconde; c'est donc à cette vitesse que seront orientées les turbines dans notre courant.

Jusqu'au milieu du circuit, les turbines sont mues par propulsion; à partir de ce point, elles sont mues par aspiration; par conséquent, chaque turbine C de la première moitié mise en communication avec un réservoir d'air y comprimera de l'air; cette moitié sera pour ce motif dite positive; par contre, chaque turbine D de la seconde moitié aspirera de l'air de ce même réservoir, et cette moitié sera négative.

Quant à la turbine du milieu, elle sera à une tension nulle, elle n'aspirera ni ne refoulera et, indifférente, on pourra la mettre impunément en communication avec l'air extérieur sans que le courant en soit troublé, et cependant la turbine B continuera à tourner à l'unisson des autres pour assurer le même débit d'air.

Dans notre courant pneumatique comme dans le courant électrique, la tension variera donc en chaque point, mais le débit ou intensité sera partout le même.

Autre propriété et non la moins curieuse : une hélice en rotation approchée du courant pneumatique viendra se mettre en croix avec le courant ; cela résulte non de présomptions, mais d'expériences effectuées et relatées un peu plus haut ; cette expérience réalise l'orientation de l'aiguille aimantée par rapport à un courant électrique.

Innombrables sont les ressemblances entre notre circuit pneumatique et le circuit électrique, nous relaterons encore les suivantes.

Si on établit une communication entre deux points opposés C, D, de notre circuit, on obtient un *courant de dérivation* avec une chute de potentiel d'autant plus considérable que ces points seront plus rapprochés de la turbine motrice ; si ces points sont en outre très voisins et que la communication vienne à s'établir accidentellement, on a un *court circuit* dans lequel l'intensité est considérable.

Nous retrouvons encore ici toutes les circonstances du retour par la terre ; si nous supprimons une moitié du circuit BDA ou une portion quelconque, le courant se produira encore par insufflation dans la partie restante ACB ; mais nous n'aurons plus que de l'air propulsé ou positif.

Dans le cas du rejet de l'électricité à la terre, il se forme, nous le savons, autour du point de plongée, une zone imprégnée d'électricité positive ou négative ; dans notre circuit interrompu, il se formera de même une zone d'air propulsé ou aspiré.

Quel que soit le point B qui sera mis en relation avec l'atmosphère, soit avant, soit après le milieu du circuit, ce point sera le point neutre, puisqu'il sera évidemment à la tension atmosphérique.

Nous obtiendrions le même résultat avec la moitié négative du courant.

On comprend qu'autant dans le cas du circuit continu il fallait éviter toute communication de la turbine motrice avec l'atmosphère, autant dans le cas d'un circuit coupé, cette communication est indispensable pour pouvoir puiser ou refouler l'air nécessaire au courant.

En un mot toutes les particularités présentées par un courant électrique se rencontrent dans notre courant pneumatique d'une construction si facilement réalisable ; l'étude de ce courant artificiel peut nous permettre même de prévoir certaines conséquences et de résoudre certaines difficultés, ce que notre ignorance absolue de la genèse électrique ne nous permet de faire que par empirisme ou plutôt par une véritable intuition.

Que les turbines qui forment le circuit fassent demi-tour sur elles-mêmes par le moyen d'un déclenchement quelconque, et le courant sera retourné instantanément : c'est ainsi que se produisent les courants alternatifs.

Si le courant se mouvait dans un tuyau d'air par le moyen d'une seule turbine motrice, celle-ci aurait beau se retourner, le courant ne reviendrait sur ses pas qu'au bout d'un laps de temps assez long ; mais, dans notre circuit, le courant est composé d'une succession de courants, et c'est la somme de ces courants élémentaires, dont chaque turbine détient une partie, qui constitue le courant entier ; chaque turbine en se retournant retourne sa portion de courant et ce retournement, provoqué par la turbine motrice A, s'effectue à la vitesse de l'onde, soit 332 mètres par seconde.

Le renversement sera donc presque immédiat, quelle que soit la longueur du circuit.

Il suffit donc, pour obtenir des courants alternatifs, d'orienter les molécules tantôt dans un sens, tantôt dans le sens opposé, et c'est bien ainsi qu'agit l'aimant inducteur en présentant aux molécules à orienter tantôt son pôle positif, tantôt son pôle négatif.

Mais, pourra-t-on objecter, vous avez été obligé de vous servir de volants pour obtenir un champ d'air circulaire ; or une molécule n'a pas de pourtour ; cette objection est sans portée, un barreau plein tournant dans l'eau y produit un champ, mais une roue à palettes sans pourtour, de même diamètre que le barreau, produira le même champ; l'eau comprise entre les palettes étant entraînée avec la vitesse de la roue; si, au lieu de roue à palettes, nous avions une turbine, le champ serait encore le même, à la condition de supprimer l'action du flux, comme cela a lieu dans un courant.

Un courant pneumatique tel que celui que nous venons de décrire est-il susceptible de faire preuve d'inertie, c'est-à-dire de produire une réaction contre un coude, par exemple, au moment de la naissance ou de l'interruption du courant.

Un courant d'air ou d'eau se mouvant dans un tuyau produit un choc contre un coude, parce que ce coude oppose un front fixe, une résistance à une masse en mouvement; mais dans notre courant, tant pneumatique qu'électrique, il ne peut se produire de choc, car les turbines étant parfaitement mobiles aspirent et propulsent sans, par conséquent, opposer de résistance.

Nous avons parlé de point neutre ou point de tension nulle du courant, qu'est-ce que c'est que cette tension neutre ?

Reportons-nous au courant que nous avons réalisé par le moyen d'une succession de turbines tournant dans l'air; la tension neutre du point milieu est celle de l'air avant la naissance du courant, c'est la tension atmosphérique; dès lors la succion de la partie aspirante ne pourra dépasser le vide, sa limite sera une atmosphère; quant à la tension positive, elle sera sans limite théoriquement.

C'est le cas de la pompe aspirante et foulante : la pompe ne peut aspirer une hauteur d'eau de plus de 10 mètres, mais elle peut en élever une bien plus considérable.

Ceci nous montre ce qui doit se passer dans le circuit électrique; la tension neutre sera celle de l'éther dans le conducteur avant la naissance du courant, c'est-à-dire la tension de la terre, car dans un même espace toutes les tensions tendent à l'équilibre; du côté négatif de l'électromoteur, la sous-tension ne pourra dépasser celle du vide absolu d'éther; du côté positif, au contraire, cette tension pourra être indéfinie.

On pourrait, par cette considération, trouver expérimentalement quelle est la tension électrique absolue de la terre, c'est-à-dire par rapport au vide d'éther.

Si on introduisait un supplément d'éther dans le conducteur avant d'y provoquer le courant, la tension neutre serait cette tension artificielle ainsi obtenue; mais, comme elle serait en désaccord avec la tension ambiante, nul doute que ce supplément de tension ne disparût rapidement.

SOLÉNOIDES. — INDUCTION
ONDES HERTZIENNES

SEPTIÈME PARTIE

SOLÉNOÏDES. — INDUCTION
ONDES HERTZIENNES

SOLÉNOIDES

La genèse des champs autour des courants nous permet d'expliquer l'action des solénoïdes et leur similitude avec les aimants : soit une hélice *dextrorsum* limitée à trois spires ; coupons-la par un plan passant par l'axe, nous obtiendrons des

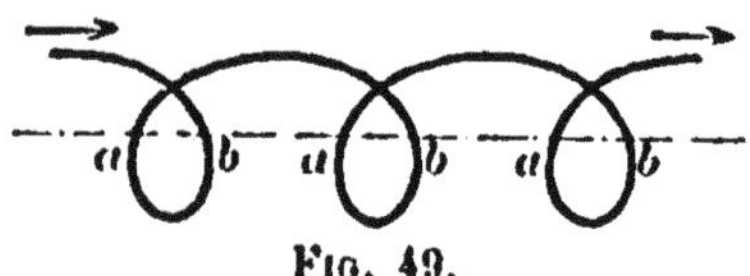

Fig. 49.

points diamétralement opposés *ab*, *ab*, *ab*, où le courant sera dirigé en sens inverse.

Tous les courants *a* sont de même sens, tous les courants *b* sont de même sens, mais opposés aux premiers ; dès lors le champ qui n'est que la combinaison de ceux reproduits plus haut, entre tiges tournant dans le même sens et tiges tournant en sens contraires, sera celui ci-dessous ; il en résultera un flux intérieur dans la direction du courant et un flux extérieur en sens inverse du courant.

Chaque coupe méridienne produirait un couple semblable.

Si l'hélice était *sinistrorsum* les rotations seraient inverses, quoique le sens du courant fût resté le même ; le flux intérieur

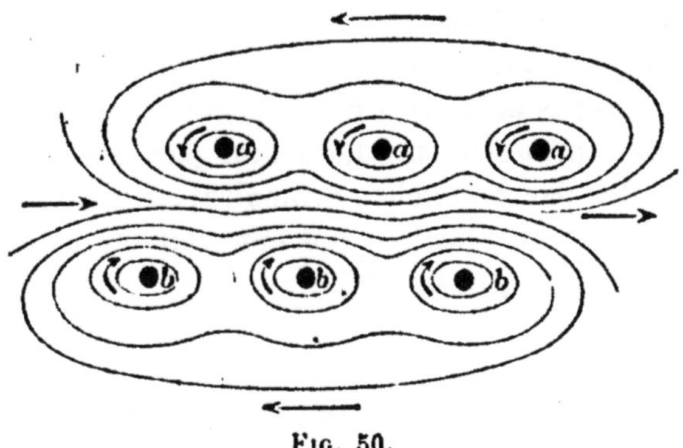

Fig. 50.

serait alors opposé au courant, et cette singularité s'explique ici de la façon la plus naturelle.

Pour reproduire ces champs dans l'eau, il suffit de faire tourner trois barreaux alignés dans le même sens, et, en face, trois autres barreaux en sens contraire des précédents.

De même que pour les courants, le flux est produit mécaniquement, et pas un atome d'éther n'est sorti du fil conducteur.

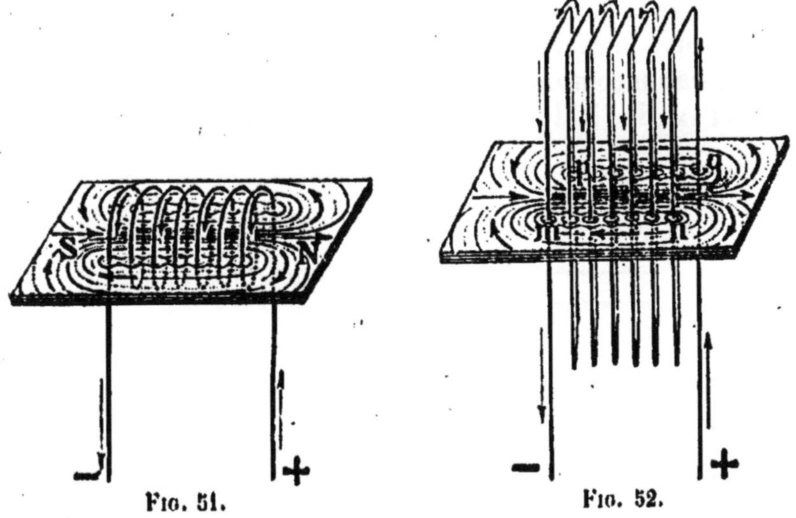

Fig. 51.   Fig. 52.

Naturellement les flux propulsés et aspirés des solénoïdes produisent sur les flux identiques des aimants, des effets d'attraction et de répulsion semblables à ceux d'un aimant lui-même ; mais leur constitution reste différente.

Ces expériences étaient faites et ces lignes écrites depuis plus d'un an, lorsque, consultant l'ouvrage de M. Lebois, déjà cité, nous y avons découvert deux spectres que nous nous empressons de reproduire, produits l'un par une hélice à spires droites, l'autre par une hélice ordinaire ; ne semble-t-il pas, en regardant le second spectre, que l'on voit les tiges verticales tourner dans l'eau (*fig.* 51 et 52).

INDUCTION PAR LES AIMANTS

Les phénomènes d'induction sont provoqués de diverses façons, et nous en avons nous-même présenté une en parlant du magnétisme, et un peu plus haut en reproduisant les orientations au moyen de volants et d'hélices ; nous nous en tiendrons ici au procédé d'induction en usage dans les dynamos, où un aimant présente alternativement ses pôles à une hélice ou solénoïde.

Reportons-nous au champ hydraulique d'un solénoïde figuré plus haut : le courant produit un flux ; par réversibilité, le flux produira un courant ; en effet, lorsque le pôle positif se présente dans l'axe de l'hélice, son flux pénètre à l'intérieur brusquement

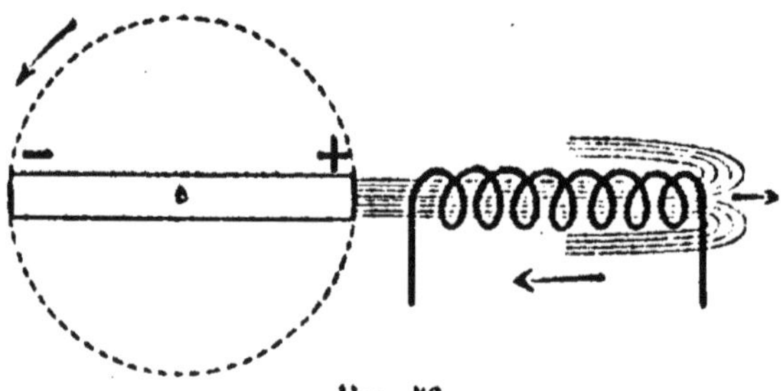

Fig. 53.

et, par sa force vive, oriente vivement les molécules et les force à tourner une moitié dans un sens, la moitié opposée en sens inverse ; or c'est cette rotation des molécules orientées qui produit le courant.

L'effet d'orientation est dû, avons-nous dit, à la force vive avec laquelle sont lancées et interrompues les lignes de flux et, si le pôle positif restait en place, les molécules reviendraient à leur position première, après quelques oscillations, engendrant des courants induits secondaires; mais, si l'aimant vient présenter peu après son pôle négatif, le flux est dirigé en sens contraire du premier, il est aspirant. Le mouvement de l'aimant entretient donc dans l'hélice une suite de courants alternatifs.

Pour rendre ces effets plus sensibles, on introduit dans l'hélice un barreau de fer doux qui canalise le flux émis par l'aimant et lui fait produire son maximum d'effet.

INDUCTION DES COURANTS PAR LES COURANTS

Pour ne rien laisser dans l'ombre, examinons comment peut se produire l'action d'un courant A sur un circuit parallèle B qui lui est voisin.

Dès qu'on lance le courant en A, des lignes de forces circulaires naissent de proche en proche et, lorsque la ligne F vient la

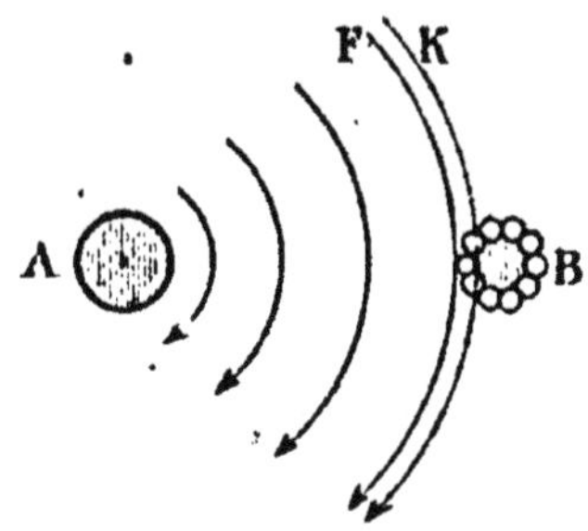

Fig. 51.

première toucher tangentiellement une molécule du circuit voisin, elle l'oblige à tourner en *sens contraire*; mais, l'instant d'après, cette même ligne F est venue en K où elle touche l'autre côté; la molécule, se trouvant dès lors soumise à deux actions opposées, reprend sa position première et reste immobile.

De proche en proche, chaque molécule de la surface du circuit B subit la même influence, et ce fil se trouve ainsi être le siège d'un courant instantané, inverse du courant inducteur; et quand nous disons instantané, nous commettons une erreur, car les molécules ne sont atteintes que successivement, et le courant d'induction est composé, en réalité, d'une suite de courants élémentaires se succédant en des temps infiniment courts, car les ondes du champ s'avancent sans doute à la vitesse énorme de 300.000 kilomètres par seconde.

Donc tout courant naissant provoque, dans un circuit voisin parallèle, un courant instantané de sens contraire au courant inducteur.

Lorsque le courant cesse, c'est un effet inverse qui se produit; le courant induit qui prend naissance est alors direct.

Chaque courant induit qui prend naissance à la fermeture ou à l'ouverture d'un courant est instantané, et son importance dépend du nombre de lignes de force coupées et aussi de l'angle d'incidence; des lignes normales à l'induit produisent le maximum d'effet.

Lorsque le courant induit principal qui est instantané a pris fin, les molécules tendant à reprendre leur équilibre s'orientent en sens inverse en produisant un second courant induit secondaire.

La tension du courant secondaire est bien inférieure à celle du courant principal, et alors que ce dernier a fourni une étincelle considérable, le secondaire peut n'en pas produire; quant à l'intensité, elle est la même pour les deux courants induits.

Une condition importante pour obtenir des courants induits de forte tension, c'est de provoquer une fermeture ou une rupture de courant aussi soudaine que possible.

Comme pour les autres courants, vu l'instantanéité de l'action, des molécules seules très mobiles peuvent convenir pour l'induction, les molécules de cuivre paraissent les plus impressionnables, car elles demandent pour s'orienter moins d'un billionième de seconde. Malgré cette extrême mobilité, les molécules superficielles sont seules atteintes, et l'on a reconnu que dans les très grandes fréquences l'épaisseur de couche intéressée ne dépassait pas un centième de millimètre.

SELF-INDUCTION

C'est par l'action des champs électromagnétiques que nous pouvons rendre compte de la self-induction.

On sait que dans un circuit le courant met un certain temps à s'établir; par contre, dès qu'il est interrompu, l'électricité continue à se mouvoir pendant un temps très court et il se produit à la rupture une étincelle hors de proportion avec l'intensité et la tension du courant.

C'est de cette façon que s'établit un courant hydraulique dans un tuyau; mais pour l'eau la chose s'explique par l'inertie, l'eau a un poids, mais l'éther a une faible inertie qui ne saurait seule rendre compte des circonstances d'établissement et de rupture du courant. Voici alors l'explication qui se présente à l'esprit.

Dès l'établissement, le courant crée son champ électromagnétique, de là une dépense d'énergie qui retarde l'établissement du courant à sa vitesse définitive.

Lorsqu'on rompt le circuit on obtient, avons-nous dit, une étincelle considérable; cela tient à ce que le champ circulaire persiste encore un instant après la rupture et entretient l'orientation et la rotation des molécules; il arrive alors que la tête du courant étant arrêtée, de l'éther continue à lui être envoyé par les molécules situées en arrière, occasionnant ainsi une tension considérable.

L'effet est analogue à celui du coup de bélier dans une conduite d'eau; lorsqu'on ferme brusquement un robinet, l'eau vient heurter le fond de la conduite et dépense en un instant très court et sur un seul point la force vive dont étaient pourvues toutes les molécules d'eau du courant.

ONDES HERTZIENNES

Ce sont les ondes hertziennes qui ont permis d'utiliser la télégraphie sans fil ; nous n'avons pas l'intention d'exposer le fonctionnement de ce système, mais seulement le principe sur

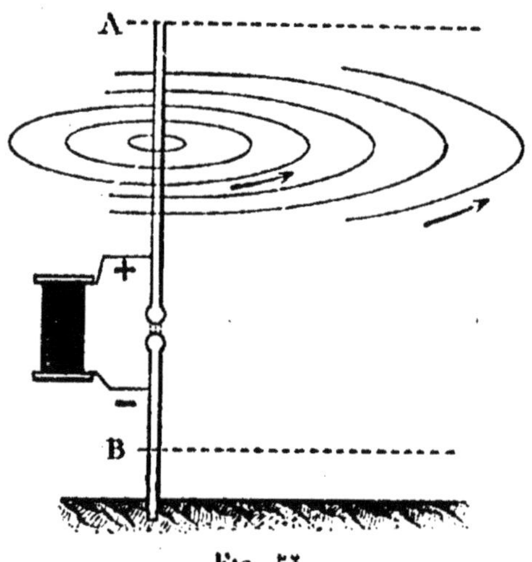

Fig. 53.

lequel il repose, ainsi que l'explication que nous en proposons ; une tige de métal verticale dite antenne est coupée en deux parties, on envoie de l'électricité dans chacune d'elles au moyen du fil secondaire d'une bobine de Rhumkhorf.

Une première décharge est lancée, de l'électricité positive arrive dans la partie supérieure et de l'électricité négative dans la partie inférieure ; en d'autres termes et suivant nos vues, de l'éther est soutiré de la partie inférieure et envoyé à la partie supérieure de l'antenne. Aussitôt un courant s'établit de A en B pour rétablir l'équilibre avec production d'une étincelle, puis l'éther revient sur lui-même, ainsi de suite, produisant à chaque passage dans la coupure une étincelle nouvelle. Ce mouvement oscillant ne tarderait pas à s'éteindre ; mais survient une nouvelle décharge de la bobine et le mouvement recommence, tout cela se passe en des intervalles excessivement courts, car chaque décharge de la bobine de Rhumkhorf se produit au moins 70 fois par seconde et entre chaque décharge il ne se produit pas moins de 10.000 oscillations dans l'antenne, théoriquement du moins, comme nous le verrons plus loin.

Les courants oscillants ainsi obtenus dans l'antenne provoquent un champ circulaire électromagnétique dont le sens change avec une très grande rapidité; un premier courant fait naître une onde qui s'avance avec d'autant plus d'énergie que ce courant est plus subitement interrompu ; à cette onde en succède une deuxième de sens inverse, et ainsi de suite.

En réalité, l'amortissement des ondes oscillantes se fait très rapidement; en outre les seules ondes effectivement actives sont celles émises au moment de chaque décharge de la bobine de Rhumkhorf, puis le mouvement de va-et-vient s'éteint très vite, et il règne un long silence jusqu'à la décharge suivante.

Mais le but visé a été atteint; les ondes principales, seules actives, qui sont toutes de même sens, naissent et s'éteignent dans un instant très court, et le déclenchement qui ouvre le courant de la pile réceptrice est presque instantané, de sorte qu'avec une faible énergie l'effet obtenu est relativement considérable, comme dans le coup de bélier.

Mais, peut-on objecter, puisque le courant électrique est, d'après vos vues, dû à l'orientation et à la propulsion d'éther effectuée par les molécules, comment pouvez-vous admettre que ce courant puisse se retourner complètement dans l'espace de $\dfrac{1}{600.000}$ de seconde sur toute la hauteur d'une antenne.

L'objection vaut qu'on s'y arrête; nous l'avons déjà examinée, mais nous allons la reprendre. Avec un courant d'eau propulsé par une turbine, ce retournement serait impossible, mais qu'on veuille bien considérer que, dans un courant électrique, chaque molécule sert de moteur ; le courant est dès lors composé d'une sommation de courants élémentaires infiniment petits; il suffit, dès lors, que chaque molécule bascule autour de son centre pour que le courant soit retourné, sans qu'il ait eu à subir la moindre réaction, la moindre perte d'énergie.

Ce n'est pas l'inertie de l'éther qui produit le retournement du courant, mais celle des molécules de l'antenne ; ces molécules brusquement orientées par l'afflux de l'éther en A et la raréfaction en B, reviennent sur elles-mêmes par leur seule élasticité de suspension et retournent ainsi le courant en se retournant elles-mêmes. Et nous insistons sur ce point que c'est l'inertie des molécules qui joue le principal rôle dans les courants oscillants aussi bien que dans les courants électriques ordinaires.

Nous avons admis que c'était l'éther comprimé dans une moitié de l'antenne qui se précipitait vers le vide ménagé dans l'autre moitié et que cet éther revenait sur lui-même à la manière de l'air dans un tuyau d'orgue fermé.

Certains auteurs encore partisans des deux fluides ont adopté naturellement une autre explication et, voici celle fournie par M. Decombe dans un ouvrage intitulé *la Célérité des mouvements de l'éther* paru en 1900.

« Dès la communication établie, dit M. Decombe, les deux « charges se précipitent l'une sur l'autre avec une telle énergie « qu'elles se croisent sans se neutraliser, puis, arrivées au bout « de leur course, elles reviennent sur elles-mêmes. »

Lord Kelvin, au contraire, estime comme nous-même que l'oscillation est due à la seule inertie du fluide unique qui constitue l'électricité ou plutôt à l'inertie des molécules.

Si l'antenne est verticale, les ondes qu'elle émet sont horizontales et règnent sur toute sa hauteur.

D'après leur genèse, les ondes hertziennes sont donc polarisées dans un plan et ne peuvent aller impressionner que des corps situés entre les deux plans extrêmes A et B. Mais alors comment communiquer à de grandes distances ? comment surmonter les obstacles, contourner la rotondité de la terre ? etc. ; on a résolu le problème de la façon suivante :

D'abord on a pris des antennes très élevées, mais cette élévation a surtout pour but de profiter d'une curieuse propriété des ondes, la *diffraction*.

Les ondes ne se poursuivent pas invariablement dans un plan ; elles se diffractent. Ainsi une onde sonore contournera un mur, et une personne située à une certaine distance derrière ce mur entendra une musique jouée de l'autre côté ; ce contournement, cette *diffraction* des ondes sera d'autant plus considérable que ces ondes seront plus allongées, plus espacées ; il sera plus fort pour les sons graves que pour les sons aigus.

Les ondes lumineuses paraissent faire exception ; elles semblent s'avancer en ligne droite, en réalité elles se diffractent aussi et contournent légèrement les obstacles ; une branche de la Catoptrique est fondée sur cette faculté ; si la diffraction est faible c'est que les ondes lumineuses se mesurent par dix-millièmes de millimètre, tandis que les ondes sonores ont 1 centimètre au moins et atteignent 10 mètres.

Pour arriver à contourner les obstacles, il faut donc rendre les ondes hertziennes aussi longues que possible.

On sait que, dans les tuyaux fermés, les tuyaux d'orgue, par exemple, l'air insufflé va d'une extrémité à l'autre du tuyau et revient sans cesse sur lui-même, produisant ainsi de véritables courants oscillants ; la longueur de l'onde sonore dépend de celle du tuyau, et les sons les plus graves sont donnés par les tuyaux les plus longs.

Or notre antenne est un vrai tuyau fermé ; nous faisons, bien entendu, abstraction de la coupure qui laisse passer le courant en manifestant simplement sa présence par une étincelle ; dans ce tuyau approprié, l'éther se rend d'une extrémité à l'autre par un mouvement de va-et-vient excessivement rapide, et la durée de l'alternance ou la longeur de l'onde sera d'autant plus grande que le tuyau ou l'antenne sera plus élevé, c'est la le motif pour lequel on utilise des antennes très élevées.   —

Ce n'est pas tout encore, si un tuyau d'orgue, au lieu d'être fermé aux deux extrémités, est fermé à l'une d'elles seulement et ouvert à l'autre, la longueur de l'onde sera doublée ; on a par analogie fait communiquer la partie inférieure de l'antenne avec la terre ; cette antenne constitue alors une sorte de tuyau fermé en A, ouvert en B ; on a constaté en effet qu'une antenne en communication avec la terre transmet bien mieux que si elle était isolée.

Cette manière d'être de l'antenne assimilée à un tuyau d'orgue est une preuve de plus de la ressemblance de l'électricité ou éther avec un fluide gazeux.

On est arrivé par ces détours à obtenir des ondes mille fois plus longues que celles de Hertz, un milliard de fois plus que les ondes lumineuses ; ces ondes, qui ont ainsi atteint des centaines de mètres de longueur, peuvent contourner les obstacles et en particulier la rotondité de la terre.

On voit tout de suite que toute autre position que la position verticale ne saurait convenir, ou plutôt les mâts transmetteur et récepteur doivent être parallèles.

Quelques savants, dit M. Poincaré, pensent que la transmission par ondes hertziennes est inverse de la distance et non du carré de la distance ; il doit en effet en être ainsi, comme nous croyons l'avoir démontré au chapitre *Ondes et Flux*, ce ne sont pas ici des ondes sphériques qui se produisent, mais des ondes circulaires polarisées dans un plan, et celles-ci sont entre elles comme leurs rayons.

Puisque nous traitons des ondes hertziennes, nous ne pouvons omettre de signaler l'opinion qui a cours, inspirée encore par Maxwell, à savoir que les ondes lumineuses ne sont autre chose que des ondes hertziennes dont la fréquence est simplement accrue.

Tout d'abord il y a une différence capitale : les ondes lumineuses sont sphériques, les ondes hertziennes sont polarisées, et s'il est vrai que toutes les deux s'avancent à la vitesse de 300.000 kilomètres par seconde, cela tient à ce que c'est là la vitesse de toutes les agitations, quelles qu'elles soient, qui naissent et se propagent dans l'éther.

Il ne paraît pas douteux que si les ondes hertziennes arrivaient à une fréquence de trillions par seconde, elles impressionnassent la rétine ; mais cet accident serait simplement dû à la fréquence sans qu'on soit en droit d'imposer une assimilation que tout repousse par ailleurs avec les ondes lumineuses ; nous avons déjà traité cette question dans la partie *Ondes et flux*.

Nous ne dirons que deux mots du radio-conducteur de Branly, qui a permis de recueillir les ondes dans la télégraphie sans fil. En voici le principe et d'après nous l'explication. Elle ne fait intervenir encore que la faculté propulsive de la molécule qui nous a seule servi jusqu'ici à expliquer tous les phénomènes magnétiques et électriques.

Dans un tube sont renfermées des limailles ou plutôt des fragments de métal, lesquels sont traversés par le courant d'une pile; si le courant est fort, le courant traverse; s'il est faible, il ne traverse pas, on règle le courant de façon qu'il soit sur le point de passer et qu'il suffise d'un effort très léger pour déterminer le passage.

Dans notre théorie et suivant même les idées de Maxwell, le courant oriente les molécules du conducteur qu'il parcourt, si donc il parvenait à orienter celles des limailles, il passerait, aussi, mais il ne peut les orienter complètement à cause de la résistance des contacts. C'est l'onde hertzienne émise par l'antenne qui se charge d'apporter l'infime complément d'énergie indispensable à l'orientation.

Comment agit l'onde hertzienne? Par le moyen que nous avons déjà examiné en expliquant l'induction d'un circuit par un courant parallèle (*fig.* 54). Les ondes hertziennes viennent donc tenter d'orienter les molécules du radio-conducteur; elles n'y parviendraient pas seules; mais le courant de la pile tend au même but, et comme il y manque peu de chose, l'orientation s'effectue complètement.

Dès que le courant passe, par exemple, il continue à passer, et il faut un choc pour désorienter les molécules.

Nous avons déjà reconnu cet effet en examinant la façon dont on aimante un tube rempli de limaille de fer doux; dès que les molécules sont orientées, le tube devient un aimant, et il reste aimant jusqu'à ce qu'un choc vienne détruire l'alignement des limailles.

Au moment où le courant s'établit, des étincelles éclatent aux points de contact des limailles, et ce sont ces étincelles qui permettent la continuité du courant par le moyen des particules métalliques qu'elles transportent.

Ce n'est pas parce que l'onde excitatrice est produite par l'électricité que le radio-conducteur est impressionné, un autre ébranlement suffirait, pourvu qu'il fût de nature périodique et de période très courte, les vibrations sonores, par exemple (Poincaré, *Théorie de Maxwell*).

Les conditions à remplir pour obtenir des communications à de très grandes distances sont, d'utiliser au départ des cou-

rants oscillants de grande énergie et d'une grande soudaineté,
et à l'arrivée un radio-conducteur se déclenchant sous une impulsion infime ; les ondes hertziennes vont en effet en s'affaiblissant rapidement, et Abbott prétend qu'à une distance de
50 kilomètres l'énergie reçue n'est que la cinq-millionième
partie de celle envoyée.

Mettant à profit tous les perfectionnements jusqu'ici connus,
Marconi, avec une force de 50 chevaux, a pu transmettre des
dépêches, d'Angleterre à Terre-Neuve, soit à une distance de
5.000 kilomètres, et nous ne sommes qu'au début de la télégraphie sans fil.

ÉLECTROSTATIQUE

HUITIÈME PARTIE

ÉLECTROSTATIQUE

NATURE ET MANIÈRE D'ÊTRE DES ÉLECTRICITÉS POSITIVE ET NÉGATIVE

Nous ne parlerons que peu des phénomènes électrostatiques, que nous avons expliqués avec beaucoup de soin dans notre ouvrage sur *la Cause des énergies attractives*, bien que, depuis 1902, nos idées se soient considérablement précisées.

Tout d'abord il nous faut remarquer que si, dans les courants, le signe $+$ de l'électricité s'applique à la partie refoulée et le signe $-$ à la partie aspirée, les quantités restent néanmoins partout égales; en électrostatique il n'en est plus de même: l'électricité positive représente de l'électricité ou éther effectivement en excès dans un corps par rapport à sa quantité normale, et l'électricité négative représente un réel déficit.

Nous envisagerons seulement ici les phénomènes fondamentaux, dont nous chercherons à rendre compte par le moyen de notre molécule propulsive.

Soient deux conducteurs ou réservoirs métalliques isolés A, B, analogues à ceux que présente une machine électrique donnant les deux électricités; ils sont réunis par un canal dans lequel fonctionne une turbine; celle-ci aspirera de l'éther en A et le refoulera en B, et chaque fois qu'on réunira A et B par un tuyau il y aura décharge allant du positif au négatif et les deux réservoirs seront ramenés à la tension neutre primitive ; il y avait donc en B ce qui manquait exactement en A. L'électricité s'est comportée comme un fluide.

La différence de tension dépendra de l'énergie de la turbine, avec la pile qui ne dépasse pas 2 volts cette différence sera très

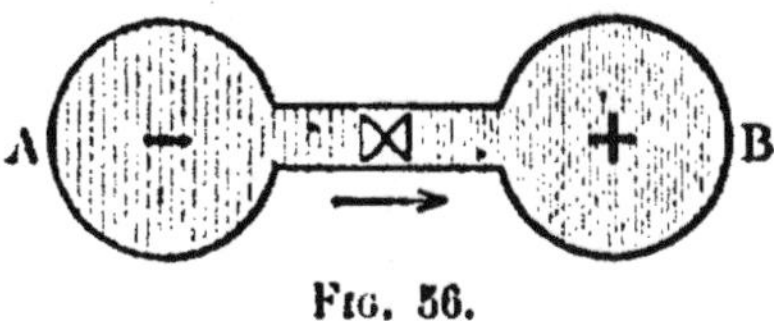

Fig. 56.

faible ; avec la machine électrique, qui fournit des milliers de volts, elle sera considérable.

En règle générale absolue, chaque fois qu'il y a déficit d'électricité en un point, il y a un excès correspondant en un autre point, et nous ajouterons que ce passage d'un corps à un autre s'effectue toujours par aspiration et propulsion.

L'expérience que nous venons de réaliser représente absolument la cause et les effets d'une machine électrique produisant les deux électricités ; les quantités d'électricité positive et négative créées sont égales ; les quantités sont petites, mais les tensions sont très grandes, et en effet, quelle que soit la quantité de fluide contenu en B, elle pourra être comprimée à une tension illimitée.

Si la machine électrique ne crée qu'une seule électricité, + par exemple, on mettra le côté A du tuyau en communication avec la terre ; la turbine aspirera alors l'éther de la terre pour le refouler et le comprimer dans le conducteur B ; on pourrait remplacer dans le tuyau AB la turbine, ou dans la machine électrique le plateau tournant par une pile ou une dynamo ; les effets seraient exactement les mêmes. Il y aurait toujours aspiration et propulsion.

Considérons maintenant un conducteur électrisé positivement, ou en d'autres termes dans lequel on a accumulé de l'éther en plus de la teneur normale, voici les phénomènes dont il est le siège : toute l'électricité ou éther va se porter à la surface et le corps va s'entourer d'une auréole de lignes de force ou d'un champ électrostatique, comment expliquer tout cela avec nos turbines?

Je rappelerai, à nouveau que l'éther se comporte à nos yeux comme un gaz; en outre, il ne peut se mouvoir seul à cause de

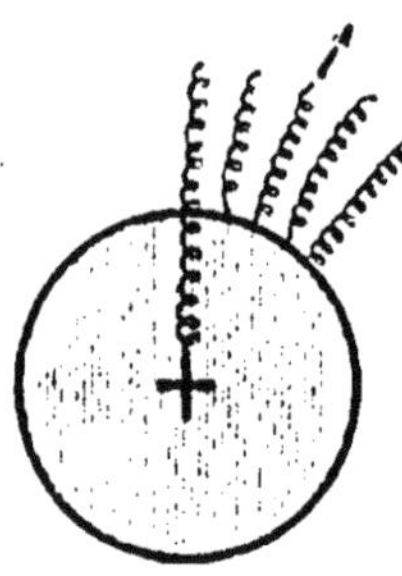

Fig. 57.

la faiblesse de son inertie, comme nous l'avons déjà montré, il lui faut l'aide de la matière, une molécule le prend, le repasse à une autre, ainsi de suite, et si ces molécules sont alignées il y a courant ou compression.

Supposons que la sphère métallique considérée soit garnie à son intérieur en guise de molécules, d'une multitude de petites turbines pouvant s'orienter en tous sens; ces molécules-turbines pourront prendre toutes les positions autour de leur centre, comprimons de l'éthèr dans cette sphère, et supposons qu'il ne puisse s'échapper à l'extérieur qu'à l'aide des turbines, que va-t-il se produire?

Rappelons ici ce que nous avons déjà dit en expliquant les aimants : si plusieurs molécules sont orientées, par suite de leur jeu d'aspiration et de propulsion, l'éther viendra s'accumuler à une extrémité et se raréfier à l'autre ; ce phénomène nous est présenté par les aimants et aussi par les fils d'un circuit lorsqu'on l'a interrompu par une coupure ; enfin nous en verrons un autre exemple un peu plus loin, dans le cas d'un conducteur influencé.

Voici donc ce qui se produira dans notre sphère remplie d'éther comprimé : cet éther tendra à s'échapper à l'extérieur, et cette tendance orientera les molécules normalement à la surface ; dès lors chaque molécule, à partir du centre, refoulera l'éther vers la suivante, et il parviendra ainsi aux molécules de la surface, où il sera arrêté par une résistance que nous allons examiner.

La compression cessant à l'intérieur du réservoir, les molécules reprennent leur position première ; la tension y redevient normale, et seules les molécules de la superficie continuent à propulser l'éther vers l'extérieur et l'appliquent contre la surface.

Quel est l'obstacle qui s'oppose au passage de l'éther à l'extérieur ? D'abord la matière y est très raréfiée ; en outre cette matière qui est gazeuse est en état de perpétuel mouvement.

LIGNES DE FORCE

L'éther ne pourra donc s'échapper de la surface d'un corps électrisé qu'en orientant les molécules gazeuses en *lignes de force*, et alors même il ne réussit à s'écouler que fort lentement, à cause de l'éloignement des molécules d'air et de leur faible puissance de propulsion.

Si le réservoir considéré ci-dessus, au lieu d'éther comprimé, était rempli d'éther raréfié l'éther tendrait à y rentrer et les lignes de force seraient aspirantes au lieu d'être refoulantes ; dès lors si on met en présence deux réservoirs remplis d'électricités contraires, la ligne de force partant du positif ira au négatif et tendra à décharger le trop plein du premier au profit du second, quoique d'une façon fort lente.

Les molécules d'air alignées en lignes de force sont-elles douées d'un mouvement de progression ou bien restent-elles en place ; cette dernière hypothèse est la plus vraisemblable, comme en témoigne l'expérience suivante de Faraday.

Dans un bassin rempli d'essence de térébenthine, liquide mauvais conducteur, Faraday répandait des brins de soie coupée ; il plongeait ensuite dans ce liquide deux électrodes faisant partie d'un courant; aussitôt les brins de soie accouraient se ranger en lignes allant d'une électrode à l'autre; ces brins de soie n'étaient animés d'aucun mouvement de progression et lorsqu'on essayait de les déformer, ils résistaient et la ligne se reformait instantanément.

Une ligne de force émanant d'un corps électrisé va toujours prendre son point d'appui quelque part, mur, plafond, etc. (Maxwell); en un mot une ligne de force a toujours un tenant et un aboutissant, et ce dernier est parfois fort éloigné.

Pour nous rendre familières la forme et la manière d'être des lignes de force, reproduisons deux distributions tirées du *Traité d'Électricité et de Magnétisme* de Maxwell, et tout

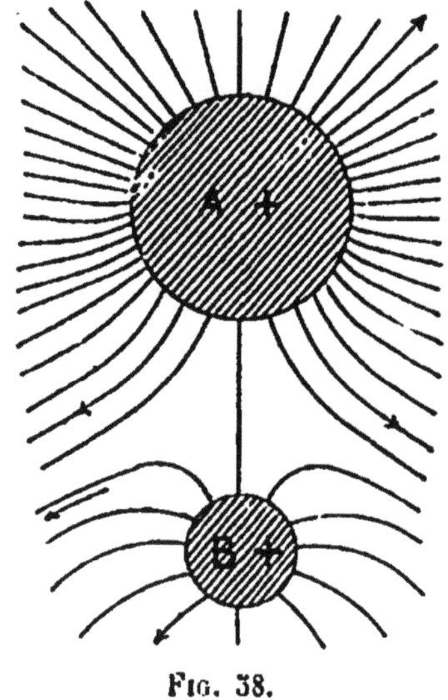

Fig. 38.

d'abord la forme des lignes produites par deux corps électrisés de même nature, dont les charges sont dans le rapport de 20 à 5.

On voit les lignes s'échapper normalement des surfaces; mais, dans les parties en regard, elles s'infléchissent, s'aplatissent et se repoussent.

Prenons maintenant les deux mêmes corps électrisés de sens contraire, de l'éther comprimé en B raréfié en A, nous voyons les tourbillons refoulants émanant de B s'infléchir pour péné-

trer en A et les lignes de force refoulantes de B ne seront autres
que les lignes aspirantes de A.

Une partie des lignes aspirantes du réservoir A, le plus puissant des deux, continuent leur direction normale par en haut

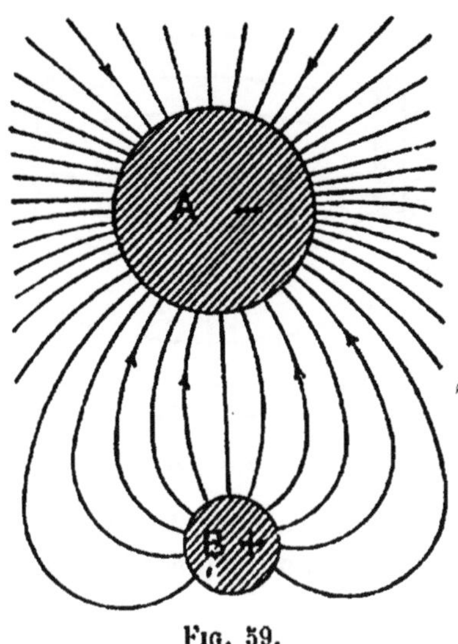

Fig. 59.

allant aspirer de l'éther sur d'autres corps plus ou moins éloignés.

Examinons encore, d'après Lodge, ce qui va se passer lors-

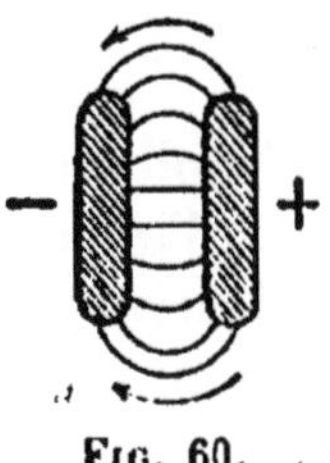

Fig. 60.

qu'on frotte deux disques l'un contre l'autre ; l'un se charge
d'éther, tandis que l'autre s'appauvrit.

Éloignons les disques à faible distance, les lignes de force
vont reporter l'éther de l'un sur l'autre, du positif sur le négatif,
mais en n'intéressant que les faces en regard, la ligne de force
aspirante pour l'un sera refoulante pour l'autre.

Éloignons les disques à une distance indéfinie et les lignes

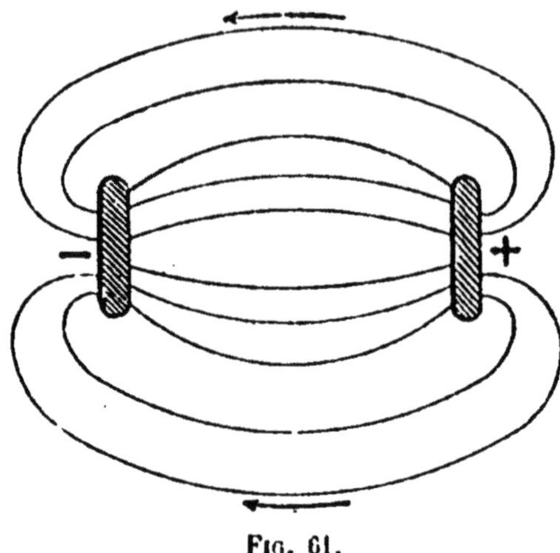

FIG. 61.

de force aboutiront sur les deux faces, si elles ne vont se décharger sur des objets plus perméables ou plus rapprochés.

INFLUENCE ÉLECTRIQUE RÉALISÉE PAR VENTILATEURS

L'influence électrique s'explique de la même façon que l'influence magnétique ; mais, vu l'importance du sujet, nous reprendrons l'explication et exposerons à nouveau les expériences pneumatiques qui mettent à nu la cause de ce phénomène.

Rappelons tout d'abord et encore une fois que la molécule matérielle est naturellement animée de mouvements de rotation rapides, qu'elle est libre de s'orienter en tous sens, et que de plus, suivant notre hypothèse, elle possède une forme propulsive.

Cette molécule ressemble donc à l'hélice ou à l'aile d'un ventilateur mobile en tout sens, et elle doit en produire tous les effets.

Prenons deux des ventilateurs qui nous ont déjà servi, suspendons l'un par un fil à un point fixe, et à une petite distance, mais juste en face et à la même hauteur, plaçons un deuxième ventilateur fixe.

Les ventilateurs étant mis en mouvement, B vient se mettre dans le sens de A, pôle aspirant contre pôle refoulant ; retour-

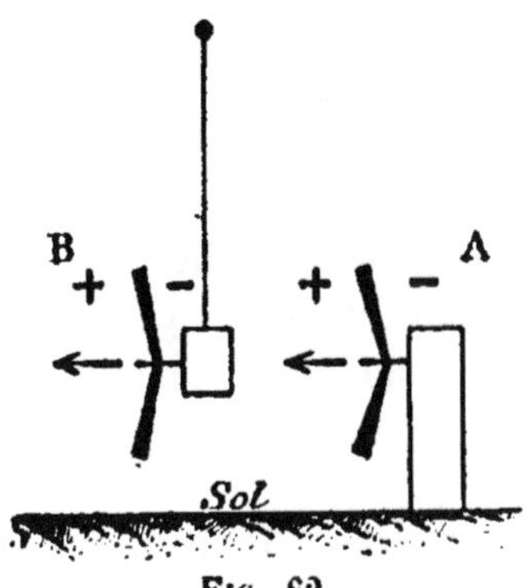

Fig. 62.

nant A, B se retourne aussi, et l'influence a lieu alors par aspiration.

Est-il vraiment nécessaire d'entrer dans de plus longs détails, et ces quelques mots ne suffisent-ils pas pour décrire et expliquer l'influence électrique.

Donc, les molécules d'un corps influent A, préalablement orientées par un moyen quelconque, viendront, par l'action de leur ligne de force de forme tourbillonnaire, orienter dans leur sens les molécules qu'elles rencontreront sur leur route, pôle négatif en regard du pôle positif, et de proche en proche les molécules de B orienteront les suivantes.

Si le ventilateur B avait une forme peu propulsive, il s'orienterait plus lentement ; enfin, il ne s'orienterait plus du tout si les ailes étaient absolument droites.

Nous pouvons donc conclure, et nous l'avons déjà fait, que les molécules mauvaises conductrices sont celles qui ont une forme peu propulsive.

Ce qui précède nous fait pénétrer dans le secret de l'influence électrique ; il nous fait en outre comprendre la distribution des lignes de force ou tourbillons d'éther propulsés ou aspirés par les molécules influentes ou influencées.

PHÉNOMÈNES DUS A L'INFLUENCE STATIQUE

Soit un réservoir A d'électricité positive, il émet des lignes de force refoulantes ; ces lignes rencontrant un corps conducteur BC orienteront ses molécules dans leur sens, ce qui fait que les molécules propulseront l'éther à leur tour vers le côté opposé B et le raréfieront du côté C qui regarde A.

L'influence produit quelques phénomènes troublants et même contractictoires dont notre théorie rend parfaitement compte.

Dans notre réservoir, BC influencé, les molécules-turbines propulsent de C vers B où va s'accumuler de l'éther; faisons

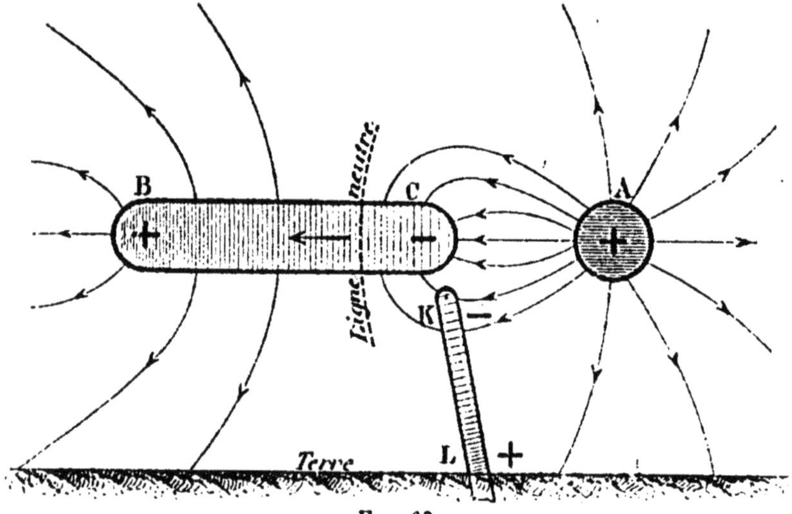

Fig. 63.

communiquer ce pôle B à la terre; le trop plein d'éther va s'y écouler, et B se trouvera à la tension de la terre avec laquelle il communique, c'est-à-dire à la tension neutre. Quant à C, il sera à une tension franchement négative et bien plus qu'auparavant.

Pourquoi B et C ne seront-ils pas à la même tension puisqu'il s'agit d'un réservoir commun ; c'est ici que l'aspiration et la propulsion apparaissent comme indispensables ; supposons un réservoir BC plein d'eau, dans l'intérieur, une turbine propulsant, l'eau sera en arrière à une tension négative, en avant à une tension positive, et au milieu à une tension neutre, bien que la densité d'eau soit la même en tous points.

Donc, par le seul effet de l'aspiration, le pôle C sera à une tension inférieure à B, bien qu'il n'y ait pas plus d'éther en B qu'en C.

En faisant communiquer le pôle B à la terre, le trop plein d'éther s'y est écoulé, cela paraît tout naturel ; mais ce qui se comprend moins, c'est que le même résultat est obtenu en mettant le pôle C à la terre ; il semblerait cependant à première vue que l'éther étant raréfié en C, de l'éther va s'y précipiter dès qu'on le mettra en communication avec un réservoir d'éther ; or c'est le contraire qui se produit.

Ce résultat inattendu, paradoxal même, est parfaitement explicable en adaptant notre molécule propulsive.

En effet, en face de C plaçons un conducteur KL mis à la terre par une de ses extrémités ; ce conducteur sera influencé par A, l'éther sera rejeté dans la terre, et à l'extrémité K nous aurons de l'éther négatif, beaucoup plus raréfié même qu'en C parce que, dans le réservoir CB, l'éther ne peut s'écouler.

Cela fait, mettons en contact K et C, C étant à une tension inférieure à K, l'éther de BC va s'écouler en partie dans la terre ; il formera une chaîne en équilibre BCL, où les extrémités B et L seront à la même tension, celle de la terre.

Donc, quel que soit le point de BC mis en communication avec la terre, le pôle B opposé à l'influence positive sera à la tension neutre et le pôle C au regard de l'influence sera à une tension négative.

Si, après que la communication avec la terre a eu lieu et a été interrompue, on éloigne l'influence A, l'orientation des molécules disparaît en BC ; plus d'aspiration ni de propulsion, et l'éther s'y répand d'une façon uniformément négative.

Si le réservoir BC, au lieu de s'être trouvé primitivement à la tension neutre, avait été rempli d'éther ou d'électricité positive, il pourrait se faire qu'après l'influence le pôle C restât positif, mais il le serait beaucoup moins que B; la genèse que nous fournissons de l'influence explique aisément ce résultat.

Cette même genèse, par l'orientation et l'insufflation des molécules, explique aussi une circonstance en apparence inexplicable. Quel que soit le point de BC, positif, négatif ou neutre qu'on mette en communication avec un électroscope, on trouve toujours de l'électricité positive; il semblerait cependant bien que le pôle négatif dût fournir de l'électricité négative et le point neutre rien.

Pour se rendre compte du contraire, il suffit encore de considérer le jeu des molécules orientées; elles tendent toutes, à partir de C, à insuffler de l'éther devant elles; si donc on met un fil conducteur au contact de BC en un point quelconque, les molécules de ce conducteur, orientées aussi comme celles de BC, insuffleront de l'éther dans l'électroscope.

Un autre moyen de se rendre compte du résultat énoncé est de considérer le conducteur KL, que nous supposerons en communication avec un électroscope.

Si on promène ce conducteur le long de BC sans l'amener au contact, grâce à l'influence de A l'extrémité K sera toujours négative et L positif, c'est-à-dire que dans toutes les positions les molécules propulseront de l'éther dans l'électroscope.

Dans le cas d'influence examiné ci-dessus, si l'on rapproche suffisamment le conducteur A chargé d'électricité positive, du conducteur BC influencé, à un certain moment, une étincelle jaillira de A vers C; cette étincelle entraînant des parcelles métalliques arrachées à A fait office de fil conducteur, et le trop plein de A se déversera dans BC. Dès lors il n'y aura plus d'influence dans ce conducteur, qui se trouvera uniformément chargé d'électricité positive ou d'éther en excès.

Si on approche d'un conducteur métallique isolé un bâton de résine frotté avec une peau de chat; à chaque étincelle, de l'électricité négative sera introduite dans ce réservoir, ou plus exactement de l'éther lui sera soutiré; lorsqu'on aura ainsi introduit une quantité suffisante d'électricité négative, on pourra obtenir une étincelle bien plus vive.

FORMATION DES ORAGES

A propos d'électrostatique, nous ne pouvons laisser de côté la formation des orages, qui nous paraît être une application merveilleuse de la théorie électrique par la propulsion moléculaire.

On n'a pas oublié que, traitant de la constitution de la matière, nous avons exposé que dans un corps solide la molécule tourne sur place en propulsant l'éther qui l'entoure ; la molécule gazeuse, au contraire, se propulse elle-même grâce à sa forme et par suite ne provoque aucun flux.

C'est dans cette seule différence que réside la formation des orages ; dans un ciel serein, les molécules d'eau sont à l'état gazeux ; elles se propulsent, et nous avons indiqué que leur seule vitesse de translation suffisait à les rendre invisibles.

Survienne un refroidissement ou toute autre cause qui condense la vapeur, et la molécule d'eau devient globulaire ou

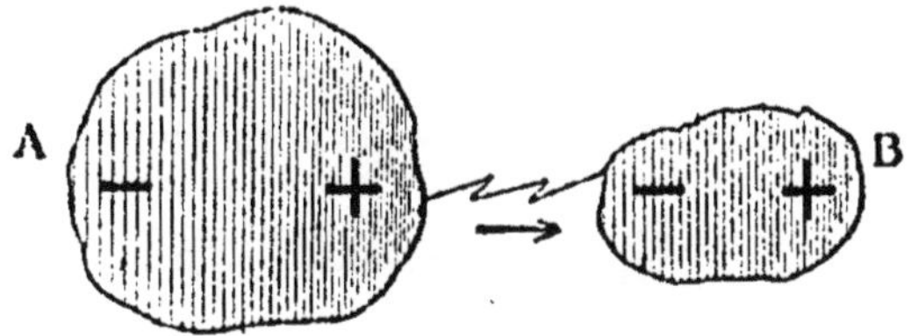

Fig. 61.

semi-solide ; elle forme alors un nuage et, au lieu de se propulser comme précédemment, elle tourne sur place et s'entoure d'un tourbillon d'éther ou d'une charge électrique.

Voici donc un nuage où toutes les molécules ont une charge d'éther là où auparavant il n'y en avait nulle trace ; dans ce nuage A, cependant, rien n'apparaîtrait, s'il était isolé ; il serait

tout simplement entouré de lignes de force, qui ne se manifes-
teraient par aucun signe.

Mais qu'à distance il se forme un autre nuage B, alors il s'établit une influence analogue à celle décrite précédemment ; les
lignes de force du nuage A vont orienter les molécules de B ;
celles-ci à leur tour orienteront celle de A, et des charges électriques contraires se trouveront en présence.

Si la tension est suffisante, une décharge se produira : c'est le
tonnerre.

Le nuage A peut d'ailleurs influencer le sol ; alors la décharge
a lieu sur la terre et le tonnerre tombe.

Il apparaît donc que la cause de l'orage est due au passage
de la molécule d'eau de l'état gazeux à l'état globulaire.

ATTRACTIONS ET RÉPULSIONS

Soit un réservoir négatif B, en face de lui un réservoir positif A ; il y aura attraction, et en voici le mécanisme, qui est pure-

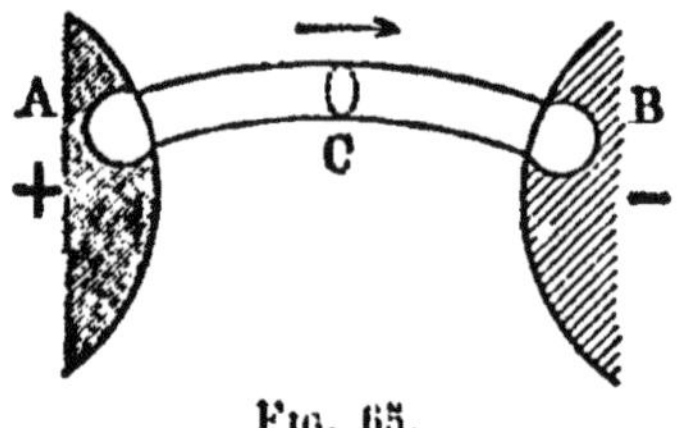

Fig. 65.

ment dynamique et n'a rien de mystérieux lorsqu'on veut bien
l'approfondir.

Nous avons déjà fourni une semblable explication en traitant
de magnétisme ; chaque réservoir A, B s'entoure d'un réseau
de lignes de force, celles de A sont propulsantes, celles de B
sont aspirantes, et ces lignes, en partie du moins, vont de l'un à
l'autre réservoir.

Il faut considérer une ligne de force comme un suçoir lancé

d'une molécule aspirante à une molécule propulsante ou réciproquement; dès lors voici ce qui se produit : chaque molécule de B est reliée à une molécule de A par un tube flexible ; or la molécule B aspire fortement et le tube ne fournit que très peu d'éther ; il y a alors *succion* de B vers A.

En vérité, la représentation expérimentale est des plus simples. Imaginons un tuyau bouché à une extrémité par une petite masse A, aspirons avec la bouche par l'autre extrémité B, la masse A sera attirée ; si un obstacle s'opposait au rapprochement, le tuyau aurait simplement une tendance à se raccourcir, et c'est en effet là le caractère des lignes de force joignant des électricités différentes.

Mais approfondissons davantage cette question de succion, qui semble faire dépendre l'attraction de la molécule négative seule, sans égard à la charge de la molécule positive.

En quoi consiste l'attraction par succion dans un tube d'air ? En ce que le vide, se faisant par devant, l'air presse par derrière ; si le tuyau était relié à un réservoir d'air à la pression de 2 atmosphères, la même succion produirait une poussée deux fois plus forte.

C'est de même une poussée de l'éther provenant de la molécule positive qui produit le rapprochement.

On peut donc conclure dynamiquement et par assimilation avec les phénomènes hydrauliques et pneumatiques, que l'attraction électrique est proportionnelle à la fois aux charges positive et négative.

On peut réaliser expérimentalement d'une façon fort simple le phénomène de l'attraction par le moyen de l'air ; il suffit même de décrire l'expérience pour en faire comprendre les effets.

Soit A un corps quelconque, en face de lui une machine pneumatique B faisant le vide ; relions la machine pneumatique au corps A par plusieurs tuyaux en toile imperméable à l'air ; l'extrémité de ces tuyaux ayant, du côté de A, forme de suçoir, il suffira de quelques coups de piston pour fixer les tuyaux au corps A.

Poussons le vide à fond, le corps A subit une attraction et les lignes de forces tendent à se raccourcir, lâchons le corps A et il sera attiré vers B, quoique quelques points seulement de sa surface aient été sollicités.

C'est donc parce que la ligne de force fournit peu d'éther à l'aspiration de la molécule B, qui en demande beaucoup, qu'il y a attraction et, si cette ligne fournissait suffisamment, l'attraction n'existerait pas; en effet, si on relie B à A par un fil de cuivre, il n'y a pas attraction, le réservoir A décharge instantanément son trop plein d'éther dans B sans éprouver la moindre résistance.

Si, au lieu d'un fil de cuivre, on avait employé un fil de chanvre ou de coton, la décharge eût été plus lente, et il y aurait encore eu attraction, la corde de chanvre, mouillée surtout, tient le milieu entre le conducteur et la ligne de force.

Au cas d'influence, il y a toujours attraction; un corps électrisé électrise en effet par influence le corps qui lui est opposé et ce sont alors des électricités de noms contraires qui se trouvent en présence.

Ne peut-il en électricité se produire ce que nous avons constaté en magnétisme, où certains corps moins magnétiques que l'air étaient repoussés par un aimant au lieu d'être attirés? Non, parce que l'on ne connaît pas de corps moins électrique que l'air.

EXPOSÉ D'UNE THÉORIE ACTUELLE DE LA MATIÈRE ET DE L'ÉLECTRICITÉ

En regard de ces explications simples qui permettent de reproduire expérimentalement les phénomènes, voyons quelles sont celles qu'expose et enseigne la science.

On explique l'électrolyse par une théorie dite des ions, qui, née en Angleterre, a envahi aujourd'hui tout le continent; nous allons juger de sa simplicité et de sa vraisemblance.

Les seuls liquides qui se laissent traverser par un courant électrique, sont les liquides que le courant décompose en deux parties ou *ions* considérés comme chargés, l'un d'électricité positive, l'autre d'électricité négative; l'eau, par exemple, est composée de deux ions positifs d'hydrogène et d'un ion négatif d'oxygène; chaque ion, muni de sa charge électrique, va rejoindre l'électrode opposée; ils doivent donc cheminer en sens contraire.

Mais voici une complication : on a découvert que les rayons Rœntgen, les rayons cathodiques, les radiations des corps radio-actifs, etc... rendaient les gaz conducteurs; ils devenaient alors susceptibles de décharger les corps électrisés, quoique lentement, il est vrai.

A quoi cela pouvait-il tenir? Les liquides devenant légèrement conducteurs lorsqu'ils se décomposent sous le passage du courant, on a voulu étendre cette propriété aux gaz et prétendu que, s'ils livraient si peu que ce soit passage à un courant, c'est qu'ils se décomposaient aussi : avec un gaz composé cela pouvait à la rigueur se soutenir, mais avec un gaz simple formé d'atomes, indécomposable par conséquent ? Voici alors ce qu'on a imaginé :

Un atome de gaz simple, d'oxygène, par exemple, est considéré comme renfermant à l'état neutre une ou plusieurs *particules* négatives très petites, dites *ions négatifs*, les mêmes pour tous les atomes de quelque nature qu'ils soient, le reste de l'atome, beaucoup plus gros, contient toute la matière avec l'électricité positive et constitue l'*ion positif;* ce dernier seul varie avec la nature des atomes.

L'ion négatif ou particule constituerait seul l'électricité, et sa masse serait au moins 2.000 fois plus faible que celle de l'ion positif d'hydrogène, qui est le plus petit de tous.

Cette conception a suggéré à certains savants, tels que le physicien hollandais Lorentz et le physicien anglais Larmor, la théorie suivante de la matière.

Ces physiciens considèrent l'atome matériel comme formé au centre d'un ion positif très gros, autour duquel gravitent des particules ou électrons négatifs, comme les planètes tournent autour du soleil. Le nombre des corpuscules satellites est de mille ou deux mille pour l'atome d'hydrogène et de 300.000 au moins pour celui du radium, dont le poids atomique est considérable.

Nous estimons dans notre simplicité que la question de l'Électricité, au lieu d'être éclaircie par ces explications, est bien plus obscure qu'auparavant, car, au lieu d'une chose inconnue, nous en avons plusieurs.

Ce n'est pas tout, on a cherché à expliquer par le moyen de cette théorie pourquoi, dans certaines conditions, l'air pouvait devenir légèrement conducteur ; et voici l'explication qui a été imaginée à cet effet :

Supposons l'air ionisé comme il vient d'être dit, c'est-à-dire les particules négatives séparées des ions positifs, et supposons cet air interposé entre deux réservoirs chargés d'électricités contraires : les ions positifs iront neutraliser le réservoir négatif et inversement, et on constate que les quantités neutralisées sont absolument équivalentes ; on en a conclu que, lorsqu'un gaz est ionisé, la quantité d'électricité négative dégagée est rigoureusement égale à la quantité positive.

Voilà donc, de par la théorie des ions, les molécules des gaz pourvues d'électricité, alors que jusqu'à ce jour on n'avait pu leur en fixer ni leur en découvrir la moindre parcelle, et nous en avons vu la raison. qui tient à la mobilité même de la molécule gazeuse.

Nous le demandons en toute sincérité : si de pareilles explications étaient fournies par un auteur inconnu, si cet auteur surtout était français, ne seraient-elles pas promptement exécutées ; mais, nous l'avons dit, elles ont pour parrains des savants de haute importance, aussi sont-elles universellement adoptées, et voici entre autres en quels termes M. L. Poincaré apprécie cette explication de l'ionisation des gaz (*Revue générale des sciences*, année 1903, p. 36) :

« *Tous ces faits s'interprètent admirablement dans une*
« *hypothèse qui a été suggérée par l'analogie qu'ils présentent*
« *avec les phénomènes de l'électricité, où la théorie des ions*
« *s'est montrée si féconde; on admettra que les charges mobiles*
« *sont portées par un nombre fini de centres matériels électrisés*
« *appelés ions, qui proviennent d'une sorte de décomposition*
« *que la radiation provoque dans certaines molécules des*
« *gaz.* »

Et il est à noter que la nature de l'électricité reste inconnue, qu'on lui attribue toujours deux fluides ou à peu près, que les attractions et répulsions demeurent inexpliquées, etc...

Comment rendons-nous compte nous-même de ce phénomène de l'ionisation des gaz ; nous avons dit que, entre réservoirs positifs et négatifs, il s'établissait des lignes de

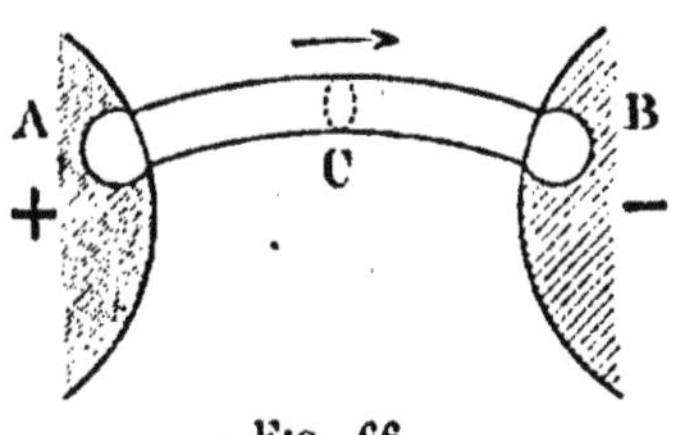

Fig. 66.

force, vrais tubes de succion qui rapprochent les réservoirs, à moins qu'ils ne soient préalablement immobilisés, auquel cas la ligne de force tend à les décharger fort lentement.

Or que les molécules qui composent ces lignes de force soient à proximité de matières radioactives, etc., susceptibles de les orienter aussi, et la ligne AB recevra de ce chef un surcroît d'activité au point de vue rotatoire, elle aspirera mieux et neutralisera plus vite.

Les molécules de gaz n'ont pas eu à se décomposer ; elles n'ont pas eu besoin de contenir d'électrons ni de particules et par conséquent de changer en quoi que ce soit leur nature ; il suffit que la ligne de force aspire et propulse ; or de cela la molécule gazeuse est capable lorsqu'on parvient à la fixer dans l'espace à l'instar d'une molécule solide, lorsqu'on la contraint à rester alignée en ligne de force, parce qu'alors, au lieu de se propulser, elle propulse et aspire.

La vitesse de décharge des gaz soi-disant ionisés est d'ailleurs très faible, puisqu'on l'évalue par centimètres à la seconde.

Remarquons que la ligne de force aspire autant d'électricité en A qu'elle en déverse en B, ce que la théorie des ions exprime en disant que, dans la décomposition ou l'ionisation, il se forme autant d'ions positifs que de négatifs.

ÉLECTRICITÉ DE CONTACT OU DE FROTTEMENT

En traitant de la *Constitution de la molécule*, nous avons signalé qu'on ne connaît pas l'électricité à l'état neutre, mais seulement à l'état déséquilibré, et nous avons ajouté que cette déséquilibration s'obtient toujours par l'aspiration de la charge d'une molécule par une autre molécule, lorsque ces molécules entrent dans leurs atmosphères ou leurs charges réciproques, une molécule s'appauvrit alors, tandis que l'autre augmente d'autant sa charge.

Nous avons fourni un exemple de cette manière de voir en traitant de la *charge moléculaire;* c'est aussi le cas d'un courant interrompu qui, à un bord de coupure, offre de l'électricité négative, tandis que l'autre est chargé positivement, c'est l'aspiration et la propulsion qui ont produit ce résultat. Nous allons encore en citer un exemple fort simple dans l'ordre électrostatique.

On sait que lorsqu'on met deux corps en contact il se développe à la surface de l'un de l'électricité positive et à la surface de l'autre de l'électricité négative en quantité équivalente; cherchons-en la raison.

A la surface des corps, les molécules sont libres de toute influence du côté de l'extérieur: une molécule, ne l'oublions pas, est un petit aimant susceptible d'osciller autour de son centre; on peut l'assimiler à une aiguille aimantée, avec cette différence que celle-ci ne peut se mouvoir que dans un plan.

Ceci dit, considérons deux corps en contact A et B et spécialement deux molécules; dans cette situation, que va-t-il se produire?

Si nous mettons face à face deux aiguilles aimantées, elles s'influenceront, mais très peu, parce que le magnétisme terrestre est prépondérant; mais remplaçons ces aiguilles par deux

aimants droits suspendus en leur milieu et jouissant par conséquent d'une très grande mobilité. Dans quelque direction
qu'on place ces aimants, ils viennent se mettre en alignement,

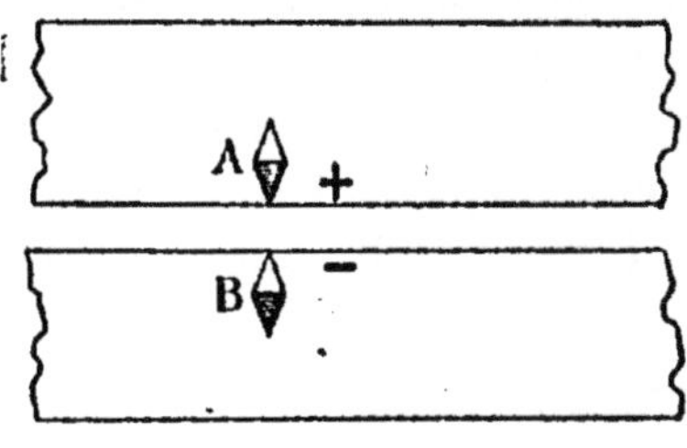

Fig. 67.

pôle positif contre pôle positif, et en s'attirant ils dévient leur
suspension de la verticale.

Que ces aimants A viennent à se toucher et l'éther de l'un
passera dans l'autre, l'un sera enrichi et l'autre appauvri; c'est

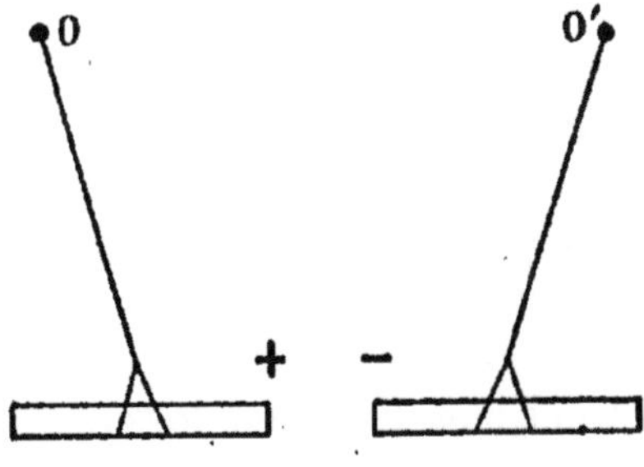

Fig. 68.

là tout le secret et tout le mécanisme de l'électricité de contact.

Nous avons réalisé et exposé plus haut la même expérience
avec deux ventilateurs également suspendus; le côté aspirant
de l'un venait se mettre en face du côté propulsant de l'autre ;
nous avons, on le sait, assimilé les aimants à des turbines ou
ailes de ventilateurs.

Les molécules A et B en regard, libres sur leurs faces en
présence, viendront donc se mettre pôle aspirant contre pôle
propulsant; par suite de l'éther sera aspiré par l'une d'elles, qui
se trouvera en état d'électricité positive, tandis que la molécule
appauvrie sera en état d'électricité négative.

Suivant la nature des corps en contact, il peut se faire que A qui était positif au regard du corps B devienne négatif lorsqu'il sera opposé à un corps C; c'est une question de puissance respective des molécules, car c'est la plus puissante qui impose son orientation à la plus faible.

C'est par le même mécanisme que l'électricité se développe sur les surfaces de deux corps frottés. A frottant contre B, les molécules prennent la même direction; ici l'action est plus

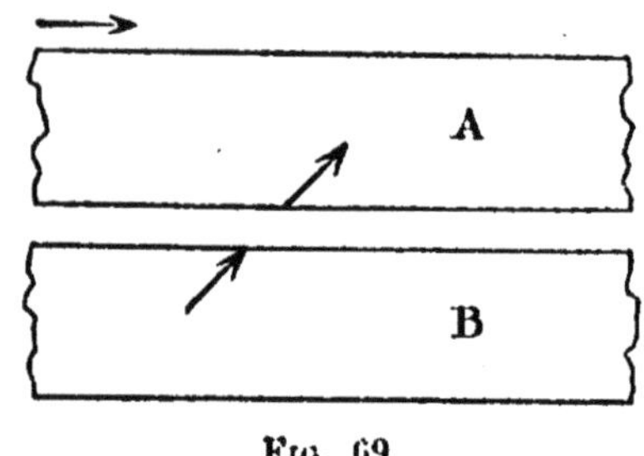

Fig. 69.

énergique, parce que le frottement aide à l'orientation des molécules en même temps qu'il rend plus intime le contact des surfaces.

Comme dans le cas du simple contact, une molécule qui est positive vis-à-vis d'un corps peut être négative vis-à-vis d'un autre; c'est ainsi que le verre s'électrise positivement quand on le frotte avec du drap et négativement lorsqu'on le frotte avec une peau de chat.

INERTIE DE L'ÉTHER

Nous avons rejeté cette question à la fin de notre étude pour que nous fussions mieux à même d'apprécier les qualités qui sont indispensables à ce fluide, lequel, d'après nous, constitue l'électricité.

L'éther, que nous avons sans cesse mis à contribution, qu'est-il donc, et le connaît-on autrement que par ses effets?

Pour expliquer sa vitesse énorme de transmission, la plupart des auteurs ont fait de l'éther un fluide imcompressible ; en effet, disent-ils, les gaz qui sont très compressibles transmettent les ondes sonores à la vitesse de 332 mètres par seconde, l'eau les transmet à la vitesse de 1.437 ; un fil de fer, à la vitesse de 4.000 ; et le sapin, à 4.640 dans le sens de sa longueur.

Donc, pour une vitesse infinie, il faut une élasticité, c'est-à-dire une incompressibilité infinie. C'est cette seule considération de transmission presque instantanée qui a fait conclure à cette paradoxale propriété de l'éther.

Mais une objection se dresse contre l'éther incompressible, comment les astres peuvent-ils circuler dans un pareil milieu sans éprouver la moindre résistance ; et comment nous-même n'éprouvons-nous pas cette résistance, cette objection n'a pas échappé à la science. « Comment se fait-il, dit lord Kelvin dans « ses *Conférences scientifiques*, que la terre circule sans effort « dans l'éther rigide et incompressible, mystère incompré- « hensible ! » D'autre part il nous paraît impossible, si l'éther est incompressible, d'expliquer les phénomènes électrostatiques. Comment pourrait-on dans cette hypothèse accumuler plus ou moins d'éther ou d'électricité dans un conducteur, comment expliquer que, dans un circuit interrompu, il y ait de l'éther en défaut à une extrémité, et de l'éther en excès à l'autre, et cela par une gradation insensible.

Lodge, qui ne méconnaît pas la valeur de ces redoutables objections, se tire d'affaire en disant qu'on peut assimiler les molécules matérielles à de petites poches élastiques, on pourrait ainsi y accumuler un fluide incompressible, la poche se dilaterait ou se contracterait simplement.

Autre question, l'éther est-il doué d'inertie? ce mot d'inertie est aussi revenu souvent dans notre récit ; or qu'est-ce que l'inertie ?

L'inertie est cette propriété des corps qui fait qu'ils ne peuvent se mouvoir sans l'aide d'une énergie étrangère et qu'ils continueraient à se mouvoir indéfiniment en ligne droite, si une autre énergie ne venait modifier leur mouvement ou les ramener au repos.

En fait, la vitesse de transmission de l'éther n'est pas infinie ; l'inertie de ce fluide n'est donc pas nulle : lord Kelvin l'a même évaluée à $9,36 \times 10^{-19}$ de celle de l'air ; d'ailleurs, pour qu'une onde calorifique émanée du soleil puisse venir mettre en mouvement une molécule terrestre, il faut que l'éther ait bien véritablement une inertie.

Sur terre on peut confondre l'inertie avec la pesanteur, un corps oppose de la résistance lorsqu'on veut le déplacer ; on dit que c'est grâce à son poids ou à son inertie ; mais un corps céleste, le soleil par exemple, isolé dans l'espace, ne pèse pas.

Il pèse bien en réalité vers la terre, à cause de la présence de la terre ; il pèse de même vers les autres planètes ; mais, s'il était isolé, il ne pèserait dans aucun sens, et cependant, si le soleil venait à heurter un corps dans l'espace, il le dévierait certainement, pour ne pas dire plus ; l'inertie est en réalité une simple résistance qui ne nous paraît nullement mystérieuse et ne doit pas être confondue avec la pesanteur, qui n'est qu'occasionnelle.

L'inertie paraît dépendre de la quantité de matière et de l'état de cette matière.

Il suffit donc qu'un corps existe pour qu'il soit doué d'inertie ; or c'est le cas de l'éther ; il n'est certainement pas pesant, c'est-à-dire qu'il n'est pas attiré par les masses célestes, sinon il serait beaucoup plus dense dans leur voisinage, ce que les observations astronomiques démentent ; l'éther doit exister dans tout l'espace.

D'ailleurs, la pesanteur ne dépend pas seulement du corps attirant, mais aussi du corps à attirer ; or celui-ci peut être dépouillé de la faculté gravitative, qui tient certainement a la constitution de la matière et que, pour préciser, nous attribuons, nous, à la rotation de la molécule.

Le P. Secchi, dans son ouvrage de *l'Unité des forces physiques*, reconnaît aussi que l'éther peut être impondérable sans être immatériel.

Jusqu'ici la question de l'inertie de l'éther est restée indécise ; certains phénomènes tendraient à prouver qu'il n'en possède pas, et alors c'est une objection qu'on ne manque pas d'élever contre son assimilation avec les autres fluides.

Lorsqu'on lance un courant dans une bobine, on n'observe aucun mouvement de réaction, il devrait cependant s'en produire au cas d'inertie, lorsque l'éther vient frapper contre un coude R.

Lodge et Poynting (*Théories modernes de l'électricité*, de Lodge, 71) prétendent que ce défaut d'inertie est dû à ce que le

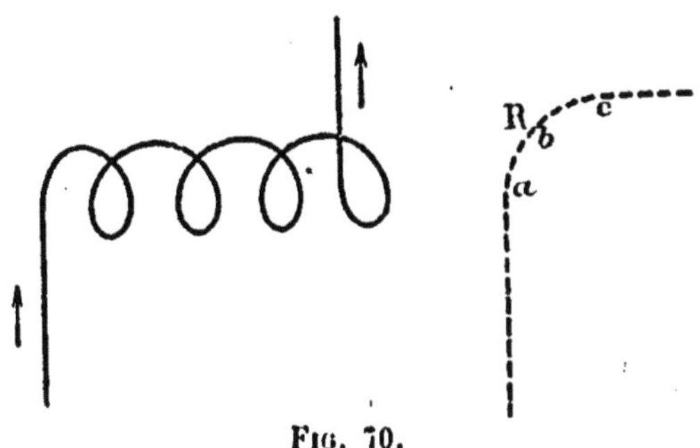

Fig. 70.

courant agit en chaque point de sa trajectoire, chaque molécule agit pour son compte et fait office de moteur, cela est bien conforme à nos vues.

En effet ce qui, dans un tuyau d'eau par exemple, crée une réaction, un choc contre un coude, c'est que le courant va heurter ce coude qui est fixe ; mais dans un fil de cuivre aucune molécule n'est fixe, et elles tournent toute à une vitesse identique ; même dans les coudes, dès que le courant quitte une molécule, *a*, il est repris par la suivante *b* sans qu'il y ait occasion de choc même avec un fluide doué d'inertie.

Ainsi la question d'inertie de l'éther dans les courants reste ouverte par suite des conditions de propulsion de l'éther ; d'autres faits laissent encore dans l'indécision, tels les phénomènes de self-induction ; on sait que lors de l'établissement d'un courant, il y a un retard, et que, par contre, lorsque le conducteur est rompu, le courant continue à affluer pendant un certain temps ; ces faits se produisent également avec un courant d'eau ou d'air ; il paraît donc y avoir ici inertie incontestable de l'électricité ou éther.

Cependant on est d'avis et nous-même, que l'inertie qui est ici en jeu est celle des molécules du fil ; elles mettent un certain temps à s'orienter et ne se désorientent pas instantanément et, d'autre part, au début, le courant doit créer son champ, lequel ne disparaît pas instantanément au moment de l'interruption.

La même explication s'applique à la décharge oscillante d'un condensateur ; l'étincelle jaillit dans un sens, revient sur elle-même et ainsi de suite un certain nombre de fois, c'est qu'encore ici, les molécules, avant de reprendre leur équilibre défi-nitif, oscillent tantôt dans un sens, tantôt dans l'autre, et l'inertie en jeu est encore celle des molécules.

Mais il y a des cas où l'inertie de l'éther est flagrante et indiscutable. D'abord nous avons cité une expérience de M. de Heen où le courant, à partir du positif, déprime une nappe li-quide par une sorte d'*insufflation anodique*, et ce liquide se relève au pôle négatif par une sorte d'*aspiration cathodique*.

Dans le même ordre d'idées, on peut ranger l'expérience de Reuss et Perret ; en faisant l'électrolyse d'un liquide si on interpose entre les électrodes une paroi poreuse, le liquide s'abaisse du côté positif et se relève du côté négatif.

Il y a encore, toujours dans l'électrolyse, le transport incon-testable des molécules métalliques, de l'électrode positive à l'électrode négative.

Dans le magnétisme, nous avons relaté l'expérience des li-mailles qui, reposant sur un papier horizontal, sont redressées par un des pôles d'un aimant et ces limailles s'escaladent, met-tant ainsi à nu la puissance d'inertie de l'éther.

Il y a enfin la question d'induction : pour qu'une ligne de force raidie par l'éther aille influencer et orienter les molé-cules d'un conducteur placé dans le voisinage d'un corps élec-trisé ou d'un aimant, il faut bien que cet éther soit doué d'énergie, sa vitesse a beau être considérable, elle ne peut suppléer à l'inertie dans le but de produire un effet matériel.

Et, pour terminer, dernière considération citée par Maxwell dans son *Traité élémentaire d'électricité*, et que nous avons nous-même déjà reproduite, les ondes calorifiques mettent huit minutes pour se rendre du soleil à la terre. Que devient, dans cet intervalle, l'énergie confiée par la molécule solaire et qui n'a pas été encore reçue par la molécule terrestre ; l'énergie est certainement contenue dans l'onde solaire qui, d'ailleurs, n'en rend que la soixante-millionième partie aux planètes. Il faut donc que l'éther ait de l'inertie, car la vitesse de l'onde seule est insuffisante à représenter une force vive.

Les ondes éthérées sont donc des réservoirs d'énergie, et cette énergie ne se révèle que lorsqu'elles rencontrent de la matière. La matière vient puiser son énergie dans les ondes qui parcourent en tous sens l'espace infini, elle peut ainsi évoluer dans un certain cycle, après quoi elle restitue aux ondes l'énergie qu'elle leur avait empruntée pour un temps.

TABLE DES MATIÈRES

TROISIÈME PARTIE

COURANTS ÉLECTRIQUES

QUATRIÈME PARTIE

ONDES ET FLUX

CINQUIÈME PARTIE

CHAMPS ÉLECTROMAGNÉTIQUES AUTOUR DES COURANTS

SIXIÈME PARTIE

FIGURATION MÉCANIQUE D'UN COURANT AU MOYEN DE TURBINES

SEPTIÈME PARTIE

SOLÉNOIDES. — INDUCTION. — ONDES HERTZIENNES

HUITIÈME PARTIE

ÉLECTROSTATIQUE

Tours. — Imp. Deslis Frères, 6, rue Gambetta.

Documents manquants (pages, cahiers...)
NF Z 43-120-13

HUITIÈME PARTIE

ÉLECTROSTATIQUE

Tours. — Imp. Deslis Frères, 6, rue Gambetta.